蚯蚓养殖关键技术与应用

主　编　郎跃深　郑方强
副主编　孟建华　高金成
编　委　李翠英　张桂云　曲德胜
　　　　王凤芝　唐志军

·北京·

图书在版编目(CIP)数据

蚯蚓养殖关键技术与应用 / 郎跃深，郑方强主编. —北京：科学技术文献出版社，2015. 5（2016.9重印）

ISBN 978-7-5023-9608-4

Ⅰ. ①蚯… Ⅱ. ①郎… ②郑… Ⅲ. ①蚯蚓—饲养管理 Ⅳ. ① S899.8

中国版本图书馆 CIP 数据核字（2014）第 271340 号

蚯蚓养殖关键技术与应用

策划编辑：乔懿丹　责任编辑：周　玲　责任校对：赵　瑗　责任出版：张志平

出 版 者　科学技术文献出版社
地　　址　北京市复兴路15号　邮编 100038
编 务 部　（010）58882938，58882087（传真）
发 行 部　（010）58882868，58882874（传真）
邮 购 部　（010）58882873
官方网址　www.stdp.com.cn
发 行 者　科学技术文献出版社发行　全国各地新华书店经销
印 刷 者　北京时尚印佳彩色印刷有限公司
版　　次　2015 年 5 月第 1 版　2016 年 9 月第 2 次印刷
开　　本　850 × 1168　1/32
字　　数　146千
印　　张　7.625
书　　号　ISBN 978-7-5023-9608-4
定　　价　19.00元

前　言

蚯蚓是一种软体多汁、蛋白质含量达70%的软体动物。蚯蚓喜食腐质的有机废弃物，有机废弃物通过蚯蚓肠道中的蛋白酶、脂肪分解酶、纤维酶、淀粉酶的作用转化成为自身或其他生物易于利用的活性物质，同时产生的蚯蚓蛋白和氨基酸对环境不产生二次污染。

近几年，我国各地在总结过去正反两方面经验和教训的基础上，重新对蚯蚓养殖业进行了定位，人们已把蚯蚓从传统中药材、改良土壤、充当动物性蛋白质饲料、改善生态环境等方面，转向生物制药工程，尤其是提取的“蚓激酶”，已成为中老年心血管疾病的理想保健药品。因此，蚯蚓的需求量逐年上升，这就为人工养殖蚯蚓开辟了广阔的前景，使养殖蚯蚓成为一项前景诱人的新兴产业。

本书在总结多年养殖经验的基础上，收集了国内外最新养殖技术资料，结合教学、研究、开发工作编写了本书。在编写过程中力求从理论到实践，深入浅出，使其内容更具有实用性和可操作性。

在本书的编写过程中，参考了一些相关资料，在此向原作者致谢。本书编写中的疏漏错误之处，恳请广大读者给予指正。

编者

目　录

第1章 蚯蚓概述

蚯蚓，在动物学分类上属于环节动物门的寡毛纲。根据生活环境不同，蚯蚓可分为三大类，即陆栖蚯蚓、水栖蚯蚓和少数寄生性蚯蚓。蚯蚓的分布很广，几乎遍布于全世界。目前，已知的蚯蚓有2700余种，其中约3/4是陆栖蚯蚓。我国的蚯蚓有160多种，广泛分布于全国各地，其中东部平原地区分布较多。

近年来主要由于环境保护和开发新饲料资源的需要，人们对蚯蚓的生理特点及应用前景甚感兴趣：蚯蚓以腐烂有机物和土壤为食，为环境保护、处理三废，开辟了新的途径；蚯蚓含有丰富的蛋白质、脂肪、某些特殊的酶类、激素与药用成分，可以作为现代畜牧业、渔业的优良饲料或饵料，人类的佳肴和滋补良药；加之蚯蚓分布广，适应性强，繁殖快，抗病力强，节省劳力，管理简易，可以大规模进行人工饲养。

我国地域辽阔，蚯蚓种类繁多，在养殖中可因地制宜，就地取材，根据当地具体情况试养，从中摸索出自己的养殖方法。

一、蚯蚓的应用价值

随着科学技术的不断发展，蚯蚓的利用价值越来越高，从传统中药的广泛应用，已向提取“蚓激酶”、“氨基酸”等现代医药发展，并进而向化工、畜牧、食品等方面拓展，使其利用价值更加广阔。

1. 饲用价值

蚯蚓含有很多蛋白质，在干物质蛋白质的含量可高达70％左右。据报道，在蚯蚓的蛋白质中有不少氨基酸是畜、禽和鱼类生长发育所必需的，其中含量最高的是亮氨酸，其次是精氨酸和赖氨酸等。蚯蚓蛋白中精氨酸的含量为花生蛋白的2倍，是鱼蛋白的3倍；色氨酸的含量则为动物血粉蛋白的4倍，为牛肝的7倍。

用蚯蚓喂养的猪、鸡、鸭和鱼，长得快，味道又鲜美，主要原因是蚯蚓蛋白质多，而且容易被畜、禽和鱼消化和吸收，很合它们的口味。畜禽和鱼均喜欢吃混有新鲜蚯蚓的饲料，混合的用量要根据畜、禽和鱼的种类以及个体的大小而定，以占饲料总重量的5%左右较好，但有时可多达40%～50%。用这种混合饲料喂养幼小的畜、禽和鱼，效果特别好。它们吃了蚯蚓后生长快，色泽光洁，发育健壮，不生病或少生病，还减少死亡。

也可以在配合饲料中添加一定量的蚯蚓，即可制成优质高效饲料。蚯蚓既是优质饲料，又是理想的摄食促长物质，改善饲料适口性，提高摄食强度及饲料利用率。表 1-1 为蚯蚓与鱼粉、豆饼、玉米的营养成分对比，表 1-2 为与其他几种饲料必需氨基酸比较。

表 1-1　蚯蚓与鱼粉、豆饼、玉米饲料营养成分的对比

营养成分	新鲜蚯蚓	风干蚯蚓	秘鲁鱼粉	豆饼	玉米
水分	82.90	7.37	9.20	11.57	13.30
粗蛋白	9.74	56.44	62.19	46.20	9.00
粗脂肪	2.11	7.84	7.60	1.30	4.00
粗纤维	0	1.58	0.30	5.00	2.00
无氮浸出	3.71	16.44	1.20	29.60	69.43
粗灰分	1.08	8.29	12.40	6.00	1.40
钙	0.15	0.94	4.50	0.02	0.28
磷	0.31	1.10	2.61	0.31	0.59

续表

营养成分	新鲜蚯蚓	风干蚯蚓	秘鲁鱼粉	豆饼	玉米
代谢能（焦耳）	—	12.26	11.68	10.63	13.40
蛋白质	—	101	—	—	—
磷利用率	—	90	—	—	—

表 1-2　蚯蚓与其他几种饲料必需氨基酸比较（占干物%）

必需氨基酸	太平2号	北星2号	背暗异唇蚓	环毛蚓	秘鲁鱼粉	饲用酵母	豆饼	蚓粉
赖氨酸	4.57	4.67	3.30	2.87	5.52	4.68	2.88	4.30
蛋氨酸	1.25	1.15	0.92	0.76	1.86	0.90	0.55	1.19
胱氨酸	0.91	0.69	0.53	0.63	0.76	0.66	0.60	0.43
组氨酸	1.61	1.79	0.67	1.09	1.52	1.20	1.10	—
异亮氨酸	2.87	3.19	2.22	2.01	2.90	2.88	2.52	2.23
丙氨酸	—	5.41	3.81	3.42	4.90	4.38	3.39	—
苯丙氨酸	2.58	2.64	1.86	1.70	2.69	2.58	2.20	4.32
苏氨酸	3.32	2.92	2.04	1.81	2.97	4.68	1.69	2.30
缬氨酸	2.98	3.39	2.38	2.17	5.31	3.24	2.43	2.76
精氨酸	4.26	4.09	1.20	2.95	3.86	2.82	2.88	—
色氨酸	0.84	0.78	—	0.66	—	—	0.60	0.78

不仅蚯蚓的身体含有大量的蛋白质，就是在它的粪粒里也同样含有一定量的蛋白质。通过对蚯蚓粪的分析，在含水量只有 11%左右的时候，蚯蚓粪内所含的全氮约

3.6%，以此推算粗蛋白为22.5%。

蚯蚓与蚓粪均可供畜、禽和鱼类食用。用蚯蚓[illegible]料时，添加量一般为15%～30%，不会[illegible]对于养猪、养鱼来说还会提高动[illegible]最好用来发酵或制作成颗粒[illegible]田螺、鲢鱼、鳙鱼、鲤鱼、鲫鱼等[illegible]类生长良好，成本大幅度降低。

2. 药用价值

我国很早以前就有用蚯蚓及蚓粪治病的记载。蚯蚓[illegible]中医学上称为“地龙”，是传统的中药，市售品分为广地龙和土地龙两种。广地龙的原动物为蚯蚓科的参环毛蚓，主要分布在我国的广东、广西和福建；土地龙种类不一。我国医学界通过长期临床实践证明，地龙性寒，味微咸，具有清热解毒、利尿、平喘、降压、抗惊厥等作用，在《本草纲目》一书中由地龙配制的药方就有40余种，可用于治疗热结尿闭、高热烦躁、抽搐、经闭、半身不遂、咳嗽喘急、肺炎、慢性肾炎、小儿急慢惊风、癫痫、高血压、风湿、痹症、膀胱结石、黄疸等多种疾病。近年来，人们运用先进的科学技术对蚯蚓的药用成分、药理作用进行了深入的研究，证明蚯蚓具有多种药理功能。据分析，蚯蚓体内含有地龙素、地龙解热素、地龙解毒素、黄嘌呤、抗组胺、胆碱、核酸衍生物、B族维生素等多种药用成分。地龙素内主要含有酪氨酸，可扩张支气管，有抗组胺作用，能缓慢降低血压，促进子宫平滑肌的收缩。

目前，蚯蚓已被应用于多种药品以及富含氨基酸的营……如纯地龙粉、龙泰、钙胶囊、高活性蚓激酶、……SOD)、溶栓胶囊等。

……特殊的酶类，有着惊人的消化能力。……国家利用蚯蚓这一特殊功能来处理生活垃圾……机废弃物，已成为现实。据报道在美国洛杉矶市……养殖场饲养蚯蚓 100 万余条，每月可处理垃圾 7.5 吨；……利福尼亚州一个公司养殖蚯蚓 5 亿条，每天可处理废弃物 2000 吨；在加拿大安大略省的克劳克利用蚯蚓每周可处理垃圾 20 吨，同时可获得十几吨蚓粪和大量的新鲜蚯蚓，供花圃、农场需要。

现今工业废弃物，如食品加工、酿造、造纸、木材加工以及纺织等产生的浆、渣、污泥等都可用蚯蚓来处理。有的造纸厂利用蚯蚓来处理纸浆污泥，不仅改善了环境，消除污染，而且还获得了丰厚的经济效益。例如，一般年产 10 万吨纸的造纸厂，每年约有 4.5 万吨左右的废弃纸渣，如果用蚯蚓来处理，即可生产出 0.2 万吨左右的蚯蚓，1.5 万吨左右的蚓粪，这将是一笔可观的财富。

4. 食用价值

蚯蚓作为食品，在我国古代就有记载。至今生活在海南、贵州等地的少数民族仍有挖掘蚯蚓食用的习惯，他们将蚯蚓洗净，切碎，添加在馄饨馅中，因为蚯蚓体内含有大量的谷氨酸，起到“味精”的作用，可以使馄饨的味道更加鲜美。

蚯蚓在台湾是个热门的商品，仅在食用方面用途就很广，以蚯蚓为原料可制成数十种的烹调菜肴和点心，所以在当地被称为蚯蚓大餐。

近年来，在一些经济发达的国家和地区，如西欧和美国等，从营养和保健的角度出发，食用蚯蚓已经很普遍。美国有的食品公司用蚯蚓制作成各种食品，如专制蚯蚓浓汤罐头和蚯蚓饼干，畅销欧美各国，用蚯蚓末加苹果汁做成蛋糕，另外还有蚯蚓烤面包、炖蚯蚓、蚯蚓干酪、蘑菇蚯蚓等。

随着人类对蚯蚓的研究不断深入，以及加工方法的完善和食用习惯的改变，蚯蚓作为人类食品之一，必将有着广阔的前景。

5. 改良土壤

蚯蚓改良土壤的作用国内外早有报道。而且经过现代农业的测定，蚯蚓确实具有疏松土壤，富集养分，提高肥力的功效，主要表现在以下几个方面。

（1）改善土壤结构：蚯蚓的肠道能分泌出一种中和泥土酸碱度的化学物质，无论酸性土壤还是碱性土壤，经过蚯蚓过腹处理后，就可达到植物健康生长的土壤。蚯蚓体内还具有石灰腺，石灰腺的作用是吸取和排出大量的钙质，使土壤形成团粒结构，耐水冲刷，有保水、保肥的功能。蚯蚓吞食的泥土和泥土中所含有的有机物，首先要经砂囊研磨，并在消化酶以及微生物的作用下，部分分解转化为简单的可给态化合物，再经进一步消化后，合成钙盐，连同钙腺排出的碳酸钙一起黏结成团粒，最后排出体外。另外，蚯蚓消化道和体壁等分泌的黏液，本身就有黏结土粒的作用。而这些团粒状的蚯蚓粪为土壤微生物提供理想的基质，促进其迅速繁殖，并可以使土壤中的微生物在消化、分解有机物中，产生一种保护性较强的胶状物质及水溶性养料，既促进植物的根系发育，又加速团粒结构的形成，形成良性循环。

（2）提高土壤肥力：经蚯蚓的吸收消化分解，可以把土壤中不能被植物直接吸收的氮物质，转化为容易被吸收的有效营养物质，从而达到提高土壤肥力的作用。蚓粪是一种黑褐色、颗粒状、无臭味、肥效长的优质有机肥，可作为各种专用肥的原料。它含有氮、磷、钾三要素及多种微量元素，并含有其他肥料没有的 18 种氨基酸，它保水、保肥，通气性好，便于好气性微生物繁殖，利于根系发育。由于其对肥料成分具有吸附保持功能，所以可防止氨、钾流失，并能缓慢地向植物补给养分。蚯蚓粪可减少磷酸与土壤直接接触的机会，防止磷酸被土壤固定，有利于植物对磷酸的吸收利用。

据研究者估计，在 667 平方米的田园中，如果能有 100 万条蚯蚓，就相当于 3 个劳动力每天轮流工作 8 小时，以及相当于 10 吨肥料的施入。同时蚯蚓粪还具有无臭味、不霉变等优点，可封在塑料袋内长期保存，适用于养花、育苗和市场销售。

(3) 增强土壤的透气性：由于蚯蚓在其自然活动取食中，不断地纵横钻洞，在土壤中形成大小不一、上下交错的孔洞网系。这些孔洞和孔隙增强了土壤的透气性，从而提高土壤通气、透水和排水的性能，植物的根系有更充足的伸张空间。同时，蚯蚓还可以防止枯萎病、霜霉病、炭疽病等病害的发生。

二、国内外的研究及利用概况

很早以前，我国人民就认识并开始利用蚯蚓，这在距今 2500 多年前的《诗经》中已有记载。唐代《蚯蚓赋》中已有关于蚯蚓形态、生活习性的详细记载，并把蚯蚓当作观察物候的对象。明代著名医药学家李时珍在《本草纲目》中详细记载了蚯蚓在医药上的广泛应用。英国生物学家查理·达尔文经过 40 多年的野外观察、研究及实验工作，出版了生物学专著《蚯蚓的习性和它对形成植物土壤的作用》，较系统地阐述了蚯蚓的形成和在改良土壤方面的历史功绩，并指出："蚯蚓是地球上最有价值的动物"，"除了蚯蚓粪粒之外，没有沃土"，"蚯蚓是人类的挚友"等，对蚯蚓在大自然中的作用给予了高度的评价。我国现代学者陈义等在充分调查研究了蚯蚓的种类和分布等的基础上，编制了中国蚯蚓 13 属的检索表，出版了《中国蚯蚓》一书，对蚯蚓的认识、研究以及近年来的开发利用作出了重要贡献。

传统的研究和利用都是以野生蚯蚓为主，直到 20 世纪 60 年代，一些国家才开始进行人工饲养蚯蚓，到了 70 年代，蚯蚓的养殖热已遍及全球。作为一项颇有前途的新兴养殖业，目前许多国家已发展和建立了初具规模的蚯蚓养殖企业，如美国、日本、加拿大、英国、意大利、西班牙、澳大利亚、印度、菲律宾等，有的国家已发展到工厂化养殖和商品化生产。美国目前约有 300 个大型蚯蚓养殖企业，并在近年成立了“国际蚯蚓养殖者协会”，一些蚯蚓养殖公司正在着手利用养殖蚯蚓来处理大城市后院的垃圾。日本目前有大型的蚯蚓养殖场 200 多家，从事蚯蚓养殖的人数达 2000 余人，全国建立了蚯蚓协会。静冈县在 1987 年建成 1.65 万平方米的蚯蚓工厂，每月可处理有机废物和造纸厂的纸浆 3000 吨，而且还生产蚯蚓饲料添加剂，以满足人工养殖蚯蚓的需要；丘库县蚯蚓养殖工厂，养殖 10 亿条蚯蚓，用于处理食品厂和纤维加工厂的 10 万吨污泥，化废为肥。《世界农业》1984 年第 10 期报道，在菲律宾，蚯蚓养殖技术已经标准化，一般由蚯蚓养殖公司向蚯蚓养殖户提供种蚓，饲养者把收获的蚯蚓卖给公司，供出口或国内加工及消费。《国外科技消息》在 1988 年 14 期报道，英国康普罗斯泰公司建立了一个利用蚯蚓处理猪粪的工厂，将固体的猪粪转化为蛋白饲料，代替鱼粉和大豆用来喂鱼和家禽。蚯蚓粪是优质肥料，可与工业化肥相媲美。目前，每年国际上蚯蚓交易额已达 20 亿美元。

我国的蚯蚓养殖始于 70 年代末，发展于 80 年代，目前已走向成熟阶段。这主要表现在：一是养殖技术已趋于成熟，过去没有成功的养殖经验和技术，因此，造成养殖户很难养殖成功，另外就是供销脱节，养殖成功的养殖户，产出的蚯蚓又不知销往何处，目前，蚯蚓的规模养殖技术已被攻克，养殖过程中的关键环节，如蚯蚓的繁殖、病虫害的防治等技术也已掌握；二是种蚯蚓的价格趋于合理，商品蚯蚓的价格也已趋于市场化，已经走出了高价供种和高价回收的恶性循环道路；三是商品蚯蚓的开发与加工已趋于产业化。我国的蚯蚓养殖业在人工养殖技术、综合利用和运用高科技进行新产品开发技术方面都居世界前列。

三、对发展我国蚯蚓养殖业的几点建议

世界上许多国家，如美国、日本、加拿大、英国、德国、澳大利亚等，都比较重视蚯蚓的养殖应用和研究工作。蚯蚓不仅逐渐成为高蛋白质饲料和人类的食品、药品，而且在改良土壤、消除公害、保护生态环境上，在物质循环及综合利用、自然界生态平衡及生物多样性等方面发挥了重大的作用。像蚯蚓这一类具有分布广泛、饲养简易、价格低廉、作用巨大等优点的动物，确有必要大力研究和开发。我国广大生物科学工作者对于蚯蚓生物学、资源调查、蚯蚓养殖以及应用做了不少的工作，为进一步发展蚯蚓养殖业奠定了一定的基础，但蚯蚓养殖业与其他事业一样，应因地制宜，积极稳妥地去发展，为此提出几点粗浅的建议。

1. 科学地发展蚯蚓养殖业

蚯蚓养殖业作为一项颇有前途的新兴养殖业，与其他养殖一样，应因地制宜，科学地积极稳妥地去发展，切莫盲目，更重要的是要依法行事，根据市场需求养殖。

2. 综合利用，避免单一经营

在国外，养殖蚯蚓大多从综合利用来考虑，蚯蚓往往作为处理公害过程中的一种副产品，并用来做饲料，因此成本较低。例如在日本，蚯蚓养殖场大多由造纸厂附设，让蚯蚓来消化掉造纸过程中排出的污泥和残渣。这样既消除了公害，又节省了人力和物力，并且所得的蚯蚓和蚓粪，还可作为饲料和肥料，一举两得。一座 16 500 平方米的蚯蚓养殖场，每年可处理废污泥近 3600 吨，同时可得到高蛋白质饲料约 220 多吨、优质蚓粪约 2200 多吨。因此，建议今后应大搞综合利用，用蚯蚓来处理城市的生活垃圾、工业污泥、废水，园林中的落叶、落果，农村中的秸秆、厩肥、沼气的废渣等有机物。对于我国南方酸性土壤和北方盐碱、沙滩地等可用蚯蚓养殖综合治理，以降低蚯蚓的养殖成本。并且可与养蘑菇、养蜗牛、养牛业等结合起来进行蚯蚓养殖，可以形成物质的良性循环。

3. 建立蚯蚓育种场和繁育体系

蚯蚓是较低级动物，遗传变异性较大，也容易退化，为了保持蚯蚓优良品种的高产、稳产、优质等性能，必须有计划、有步骤、科学地繁育蚯蚓良种，建立三级繁育体系，即蚯蚓良种场、蚯蚓繁殖场、蚯蚓生产场。

良种场的主要任务是对蚯蚓进行驯化、引种、选育或杂交育种。按照预定的育种目标，运用基因工程、遗传工程、物理、化学等各种手段促使蚯蚓发生变异，进行选择、比较鉴定，以培育出优良品种，达到早熟、高产、繁殖快、生长快、优质（蛋白含量高，适应性好）、稳产（如抗逆性强，包括抗寒、耐热、抗旱、抗盐碱、抗酸等，饲料适应性强等）、低耗（饲料利用率高，生产成本低）的目标。同时，不断地进行种的提纯复壮。良种场主要任务为繁育良种，因此良种场必须要有较强的技术力量和较好的设备条件。

生产场的主要任务是大量生产蚯蚓和蚓粪。饲料可就地取材，注意产品的开发和综合利用，降低成本。其养殖规模可大可小，并尽力提高单位面积的产量。繁殖场的主要任务是将良种进行大量繁殖，以便向生产场提供足够的种蚯蚓。

4. 科学养殖，提高单位面积产量和增殖率

在一定的时间内，蚯蚓单位面积的产量高低主要取决于蚯蚓的增殖倍数，即增殖率。蚯蚓的增殖率又主要由下列因素所决定：每条蚯蚓的年产蚓茧数；蚓茧的平均孵化率，即每个蚓茧平均孵出的幼蚓数；幼蚓成活率和蚯蚓的世代间隔天数。因此，首先要选择增殖率高的蚯蚓种进行养殖。同时要加强科学的饲养管理，充分发挥其增产潜力。

为了提高蚯蚓的增殖率，还应加强蚯蚓的基础理论研究，尽量采用各种先进的技术手段（包括生物激素、细胞学技术等）促使蚯蚓早熟，缩短生长周期和性周期，为的是多排卵、多产卵。

5. 因地制宜，充分开发和利用蚯蚓资源

我国疆域辽阔，气候、土壤情况条件多样，生态环境复杂，蚯蚓种类繁多，数量丰富。各地应加强对蚯蚓资源的普查工作，为蚯蚓资源的开发和利用提供科学的依据，也为引种、选育和杂交育种等奠定基础，并且还要做好蚯蚓资源的保护和持续利用工作，保护蚯蚓多样性。应充分利用本地蚯蚓资源，切莫盲目引种。

6. 开发和利用蚯蚓，务必注意安全

蚯蚓虽可作为优质的饲料和上佳的食品，又可作为药材，但在使用前必须认真仔细地分析和检查，看蚯蚓是否已感染上寄生虫（因蚯蚓为某些寄生线虫和线虫的中间宿主，往往因鸡、猪食用而感染，据知蚯蚓可使鸡患 9 种寄生虫病，猪患 6 种寄生虫病），还要看蚯蚓体内有无重金属或磷、有机氯等农药的富集（因蚯蚓能从土壤和饲料中吸收铅、汞等重金属元素以及砷等，并可成倍地在体内组织中富集，因此在养殖蚯蚓过程中要严禁使用被重金属、有机磷、有机氯等农药污染的或带有寄生虫的饲料来喂养蚯蚓），以保证所养殖出来的蚯蚓的安全性。表 1-3 列出了蚯蚓传播的寄生虫的种类。

表 1-3　蚯蚓传播的寄生虫

寄生虫种类	蚯蚓种类	终宿主
原生动物	陆正蚓	鸡（盲肠）
绦虫	陆正蚓	鸟类和啮齿
楔形变带绦虫	赤子爱胜蚓、环毛蚓、非洲寒宪蚓、陆正蚓	鸡
奇异等带绦虫	背暗异唇蚓	鸡
线虫	赤子爱胜蚓、陆正蚓	猪（肺）
长刺后圆线虫	赤子爱胜蚓、陆正蚓	猪（肺）
短阴后圆线虫	赤子爱胜蚓、陆正蚓	猪（肺）
萨氏后圆线虫	赤子爱胜蚓、陆正蚓	猪（肺）
三色怪异线虫	背暗异唇蚓、溜兰异唇蚓、模糊异唇蚓、沟坑异唇蚓	猪（肺）鸭（食道）
环形毛细线虫	赤子爱胜蚓、背暗异唇蚓	鸡（肠）
平燃毛细线虫	背暗异唇蚓、赤子爱胜蚓、陆正蚓	鸡
皱襞毛细线虫	陆正蚓	小型兽类（膀胱）
履线虫	背暗异唇蚓	小型兽类（膀胱）
气管比翼线虫	赤子爱胜蚓、背暗异唇蚓、长异唇蚓、陆正蚓	鸟和鸡（气管）
斯形比翼线虫	赤子爱胜蚓、背暗异唇蚓、长异唇蚓、陆正蚓	鸟和鸡（气管）

续表

寄生虫种类	蚯蚓种类	终宿主
黑鸟比翼线虫	赤子爱胜蚓、背暗异唇蚓、长异唇蚓、陆正蚓	鸟和鸡（气管）
小杯口线虫	赤子爱胜蚓、背暗异唇蚓、长异唇蚓、陆正蚓	鸟和鸡（气管）
鸠鸟旋翼线虫	陆正蚓	鸟（胃）

总之，养殖蚯蚓，在我国还是一项新兴产业，各地应因地制宜，积极稳妥地根据市场的需求科学发展，切莫一哄而起，一哄而散，或以投机取巧的心理去养殖。

第2章 蚯蚓的生态学特性

世界上蚯蚓的种类繁多，差异也比较大，就我国而言，蚯蚓的资源比较丰富，但因生活环境不同，其生态上有很大的区别。

一、适宜养殖的种类

蚯蚓属环节动物门寡毛纲的一类低等无脊椎动物，根据其所栖息的生活环境，可分为陆生、水生和少数寄生性蚯蚓三大类，一般所讲的蚯蚓，主要指的是陆生蚯蚓，我国已经发现的蚯蚓有 160 多种，在这里主要介绍数种适于人工养殖的陆栖蚯蚓。

（一）蚯蚓的分科

我国的蚯蚓主要分为 4 个科。

1. 正蚓科

正蚓科的蚯蚓为雌雄同体，雄性生殖孔在第 15 节，雌性生殖孔在第 14 节。环带在两性生殖孔后方，呈马鞍形，背侧比腹侧稍大，有砂囊一个。体长一般在 10～20 厘米。目前已知的有异唇属、双胸属、爱胜属和枝蚓属等。

2. 链胃科

链胃科蚯蚓也为雌雄同体，但两性生殖孔均包在环带范围内，无背孔。呈链状的砂囊 2 个或 2 个以上。体长一般在 100 厘米以上。目前已知的有杜拉属和合胃属等，主要分布于苏州、无锡一带。

3. 巨蚓科

巨蚓科蚯蚓也为雌雄同体，但有背孔，环带从第 15 节开始呈环形，在咽喉附近有一个砂囊。目前已知有 7 个属 107 个种，主要分布于南方地区，但北方也有少部分地区分布。

4. 舌文科

舌文科蚯蚓也为雌雄同体，但无背孔。目前已知有 1 属 1 种，主要分布于海南省。

（二）常见品种

1. 赤子爱胜蚓

赤子爱胜蚓属于正蚓科，爱胜蚓属。商品名北星 2 号、太平 2 号，俗称红蚯蚓，属于粪蚯蚓。这种蚯蚓喜欢吞食各种畜禽粪便，适于各种养殖场、养殖户用来消除畜禽粪便对环境的污染，产出的蚯蚓又可作为各种畜禽的蛋白饲料。体长 30～130 毫米，一般短于 70 毫米，体宽 3～5 毫米。身体呈圆柱形，体色多样，一般为紫色、红色、暗红色或淡红褐色，在背部色素较少的节间有时有黄褐色交替的带。主要分布于我国新疆、黑龙江、吉林、辽宁、北京、四川等省、市、自治区。它是繁殖率高、适应性强的良种。

2. 红色爱胜蚓

红色爱胜蚓属于正蚓科，爱胜蚓属。体长 25～85 毫米，体宽 3～5 毫米。身体呈圆柱形，无色素。体色呈玫瑰红色或淡灰色。主要分布于我国黑龙江、吉林、辽宁、北京、天津等省、市。

3. 威廉环毛蚓

威廉环毛蚓属于巨蚓科，环毛蚓属。体长 80～150 毫米，体宽 5～8 毫米。体背面为青黄色或灰青色，背中线为深青色，俗称青蚯蚓。主要分布在我国湖北、江苏、浙江、安徽以及北京、天津等省、市。

4. 红正蚓

红正蚓属于正蚓科，正蚓属。体长 50～150 毫米（一般体长在 60 毫米以上），体宽 4～6 毫米。身体呈圆柱形，有时后部背腹扁平。体色呈淡红褐色或紫红色，背部为红色。分布于我国大部分省（自治区）。

5. 长异唇蚓

长异唇蚓属于正蚓科，异唇蚓属。体长 90～150 毫米，体宽 6～9 毫米。身体呈圆柱形，背腹末端扁平，体色为灰色或褐色，背部微红色。全国各地均有分布。

6. 参环毛蚓

参环毛蚓属于巨蚓科，环毛蚓属。体长 120～400 毫米，体宽 6～12 毫米。背部呈紫灰色，后部色稍浅，刚毛圈白色。主要分布于我国福建、广东、福建、广西、海南、台湾等省、自治区以及香港、澳门地区。

7. 杜拉蚓

杜拉蚓属于链胃蚓科，杜拉蚓属。体长 70～100 毫米，体宽 3～5.5 毫米。背面呈青灰或橄榄色，背中线紫青色，环带呈肉红色。主要分布于吉林、山东、内蒙古、甘肃、新疆、北京等省、市、自治区以及长江流域一带。

8. 天锡杜拉蚓

天锡杜拉蚓属于链胃蚓科，杜拉蚓属。体长 78～122 毫米，体宽 3～6 毫米。背部为青绿色。主要分布于我国浙江、江苏、安徽、山东、北京、吉林等省市。

9. 绿色异唇蚓

绿色异唇蚓属于正蚓科，异唇蚓属。体长 30～70 毫米，体宽 3～5 毫米。身体圆柱形，体色多种，常为绿色、黄色、粉红色或灰色。主要分布于我国江苏、安徽、四川等省。

10. 八毛枝蚓

八毛枝蚓属于正蚓科，枝蚓属。体长 17～60 毫米，体宽 3～5 毫米。身体呈圆柱形，后部呈八边形。体色为红色、暗红色或紫色。主要分布于我国新疆维吾尔自治区。

11. 微小双胸蚓

微小双胸蚓属于正蚓科，双胸蚓属。体长 17～65 毫米，体宽 1.5～3.0 毫米。腹部为浅黄色，背部为淡红色。主要分布于我国江苏、江西、四川、北京、吉林等省、市。

12. 暗灰异唇蚓

暗灰异唇蚓属于正蚓科，异唇蚓属。体长 100～270 毫米，体宽 3～6 毫米。体为暗灰色。主要分布于我国江苏、浙江、安徽、江西、四川、北京、吉林等省、市。

13. 直隶环毛蚓

直隶环毛蚓属于巨蚓科，环毛蚓属。体长 230～345 毫米，体宽 7～12 毫米。体背部呈深紫色或紫灰色。主要分布于我国天津、北京、浙江、江苏、安徽、江西、四川和台湾等省、市。

14. 背暗异唇蚓

背暗异唇蚓属于正蚓科，异唇蚓属。体长 80～140 毫米，体宽 3～7 毫米。身体背腹末端扁平，体色多样，暗蓝色、褐色或淡褐色、微红褐色，无紫色。主要分布于我国新疆维吾尔自治区。

15. 深红枝蚓

深红枝蚓属于正蚓科，枝蚓属。体长 20～90 毫米，体宽 2～5 毫米。身体呈圆柱形，体为红色，背部色较暗。此蚓主要分布在新疆维吾尔自治区。

16. 通俗环毛蚓

通俗环毛蚓属于巨蚓科，环毛蚓属。体长 130～150 毫米，宽 5～7 毫米。背部呈草绿色，背中线为深青色。主要分布于我国江苏、湖北、湖南等省。

17. 湖北环毛蚓

湖北环毛蚓属巨蚓科，环毛蚓属。体长 70～222 毫米，体宽 3～6 毫米。背部体色为草绿色，背中线为紫绿色带深橄榄色，腹面青灰色，环带为乳黄色。主要分布于我国湖北、四川、福建、北京、吉林等省、市以及长江下游各地。

18. 河北环毛蚓

河北环毛蚓属于巨蚓科，环毛蚓属。体长 107～160 毫米，体宽 5～8 毫米。身体呈圆柱形，背部为灰褐色。主要分布于河北等地。

19. 秉氏环毛蚓

秉氏环毛蚓属于巨蚓科，环毛蚓属。体长 150～340 毫米，体宽 6～12 毫米。背部深褐色或紫褐色，有时刚毛圈白色。主要分布在我国江苏、浙江、安徽、山东、四川、北京等省、市以及香港和澳门地区。

20. 保宁环毛蚓

保宁环毛蚓属于巨蚓科，环毛蚓属。体长 700 毫米，体宽 24 毫米，个体较大。除环带背面外，一般体色为灰色或深灰色。主要分布在我国海南省。

21. 白颈环毛蚓

白颈环毛蚓长 80～150 毫米，宽 2.5～5 毫米，背色中灰色或栗色，后部淡绿色。环带 3 节（位于第 14～16 节），腹面无刚毛。分布于长江中下游一带，具有分布较广、定居性较好的特点，宜在菜地、红薯等作物地里养殖。

二、外部形态

蚯蚓体圆而细长，其长短、粗细因种类不同差异也比较大，最小的个体不足 1 毫米，最大的个体长达 1～3 米，如澳大利亚巨蚓。我国的大型蚯蚓，有广东、福建、广西等地的参环毛蚓，长 115～375 毫米，宽 6～12 毫米，我国最小的陆栖蚯蚓是娃形环毛蚓。

图 1　蚯蚓

1. 体形

蚯蚓按体形大小可分为三类。

(1) 小型蚯蚓：小型蚯蚓体长 10～24 毫米，宽 1～1.8 毫米，刚毛呈长发状，多为水栖蚯蚓，如仙女虫、后囊蚓科的种类。

(2) 中型蚯蚓：中型蚯蚓体长 30～100 毫米，体宽 0.2～0.5 毫米，刚毛呈长发状，也多为水栖蚯蚓，多栖息于水底泥沙中或湿度较高的土壤中，如颤蚓科、带丝蚓科、单向蚓科的种类。

(3) 大型蚯蚓：大型蚯蚓体长大于 100 毫米，体宽超过 0.5 毫米，刚毛较短，体壁肌肉发达，适于在地上爬行。多为较高等的种类，如正蚓科、巨蚓科的种类。

同一种类的蚯蚓，因生活环境相异，体形差别也很大。

2. 体态

蚯蚓的形态通常为细长的圆柱形，有时略扁，头尾稍尖，略扁，整个身体由若干环节组成，体表分节明显，无骨骼，体表被几丁质的色素所覆盖，除前两节外，其余体节上均生有刚毛。

3. 体色

蚯蚓的体色因种类不同而异，也与周围环境的色泽有关。

水栖蚯蚓体壁一般无色素，体壁不透明的常呈淡白色或灰色，或因血红蛋白存在于体壁毛细血管中而呈粉红色和微红色，也有的表皮细胞中有其他颜色。

陆栖蚯蚓根据所栖息的环境不同，呈现出不同的体色。蚯蚓的背部、侧面大都呈棕色、红色、紫色或绿色，腹部颜色较浅一些。此外，蚯蚓还具有一定的变色能力，常随着栖息环境的变化而改变自己的体色。人工饲养的背暗异唇蚓，若生活于较干的灰色土壤中，体色近于粉红色；若生活于湿度较大的黑色土壤中，体色呈黑褐色，宛如另一种类的蚯蚓。有的蚯蚓在受到刺激时，身体还可以发出奇妙的荧光。

4. 体节

蚯蚓的外形最大特点是分成许多环状体节，其数目因种类不同而相差悬殊。蚯蚓的体节比较明显，陆生的蚯蚓体节数较多，如环毛蚓，最多的体节可达 600 余节，一般在 100～200 节。水生的种类不仅个体小，体节数也少，一般有 6～7 节或十几节不等，体节数可作为划分蚯蚓种类的特征之一。

体节由节间沟分隔，内部的体腔由无数隔膜按体节在节间沟处分成各个小室。蚯蚓除前端第一节，后端一、二节及环带体节外形特化外，其余各体节形态基本相同，属于同律分节。体节之间的深沟称为节间沟，体节上较浅的凹叫体环。体节数通常用罗马数字Ⅰ、Ⅱ、Ⅲ、Ⅳ……表示，也可用阿拉伯数字表示；节间沟则用 1/2，2/3……表示。

5. 口部

蚯蚓身体前端第一节称为围口节。围口节的前面是一个肉质的叶状突起，称为口前叶，它无颚、无齿，可伸缩，具有掘土、摄食及感觉等多种功能。口前叶具有多种类型，主要有合叶式、前叶式、前上叶式、上叶式、插入叶式及前叶上叶混合式 6 种。合叶是由口前叶和围口节连为一体的，而与围口节截然分开的为前叶，口前叶稍伸入围口节的为前上叶，伸入围口节超过一半以上的为上叶，全部穿过围口节的为穿入叶，介于前叶和上叶之间的为复合叶。蚯蚓的口部位于围口节主体与口前叶相接的腹面。一般水栖蚯蚓有眼和吻，而陆栖蚯蚓由于长期生活在黑暗的泥土中，眼和吻已经退化。

蚓体的最末一节后端有肛门，故名肛门节，呈直裂状，无其他附属器官。

6. 环带

蚯蚓发育到了性成熟时，会在体前部出现一个稍稍隆起的环带，是性成熟的标志，又名生殖带，一般分为环形和马鞍形两种，因而成为鉴别蚯蚓种类的重要标志。环带的颜色一般都浅于体色，有的蚯蚓随生殖期过后环带自行消失或不明显，有的蚯蚓环带出现后不再消失。

环带处有雄性孔、雌性孔等开口。环带一般分为三层：表层为黏液细胞，交配时黏液细胞的分泌物形成束缚体的细长管；中层为大颗粒腺细胞，其分泌物形成蚓茧膜；里

图 2　环带

层为细颗粒细胞，其分泌物形成蚓茧内的蛋白液。因此，环带与蚯蚓交配、受精、产茧以及茧内受精卵的发育都有着密切的联系。

7. 刚毛

蚯蚓的体表有刚毛，刚毛的数目、排列方式因品种不同而有所差异。水栖蚯蚓刚毛较长，而陆栖蚯蚓则刚毛较短。一般每个体节有一对侧刚毛束或背侧刚毛束及一对腹刚毛束，它们代表着多毛类疣足的背、腹叶遗迹。每束刚毛的数目为 1～25 不等。大多数水、陆栖蚯蚓刚毛的数目是 8 根，成 4 束。每两根为一束，这种排列称为对生刚毛，如正蚓。也有的品种刚毛数很多，每节几十个，环绕体节分布，这种排列称为环生刚毛，如环毛蚓。刚毛的形状因品种不同而存有差异，大多为毛状、钩状、叉状和 S 状等。刚毛是由体壁中表皮细胞形成的刚毛囊分泌的。刚毛囊有伸肌及编肌控制其运动。每个刚毛囊可分泌一根或一束刚毛，刚毛脱落后可重新分泌形成。

刚毛是体壁运动的附属器官，主要由刚毛、刚毛囊和刚毛肌肉组成。刚毛是由刚毛囊的细胞分泌而成，其主要成分是几丁质。刚毛肌肉由牵引肌、缩肌组成，它们可以交替伸缩，使刚毛伸出或缩入体壁。在某些体节上，还有一些变态的生殖刚毛，在交配时用以束缚配偶身体，或刺激对方，或有助于将精液输入配偶的受精囊内。

8. 体表孔

在蚯蚓的体表有许多开孔，如背孔、头孔、肾孔、雄性生殖孔、雌性生殖孔、受精囊孔等，这些分布在蚯蚓体表的不同开孔，有着不同的功能。

（1）背孔：背孔是位于体背中线上许多节间沟中的小孔，与体腔相通。背孔平时紧闭，当遇到干燥、刺激或在土壤中钻洞时，为了保护体表，背孔就会自然张开，流出体腔液，润湿身体表面，以保护自身不受伤害。

（2）头孔：头孔与背孔较相似，它位于口前叶和围口节的交界处。

（3）肾孔：它是肾管向体外的开口，用以排泄代谢废物。多开口于蚓体腹面两侧。除了前 3 节和最后 1 节外，每个体节均有 1 对肾孔。

（4）生殖孔：雄性生殖孔是输精管通向体外的开口，

雌性生殖孔是输卵管通向体外的开口，受精囊孔是受精囊的开口，当蚯蚓交配时，对方的精液由此孔流入受精囊内贮存。其数目、位置因种类不同而异。

三、内部结构

1. 体壁与次生体腔

蚯蚓的体壁由角质膜、上皮、环肌层、纵肌层和体腔上皮等构成。最外层为单层柱状上皮细胞，这些细胞的分泌物形成角质膜，此膜极薄，由胶原纤维和非纤维层构成，上有小孔。柱状上皮细胞间杂以腺细胞，分为黏液细胞和蛋白细胞，能分泌黏液可使体表湿润。蚯蚓遇到剧烈刺激，黏液细胞大量分泌包裹身体成黏液膜，有保护身体的作用。上皮细胞基部有短的底细胞，有人认为可以发育成柱状上皮细胞。感觉细胞聚集形成感觉器，分散在上皮细胞之间，基部与上皮下的一薄层神经组织的神经纤维相连。此外尚有感光细胞，位于上皮的基部，也与其下的神经纤维相连。

上皮下面神经组织的内侧为狭的环肌层与发达的纵肌层。环肌层为环绕身体排列的肌细胞构成，肌细胞埋在结缔组织中，排列不规则。纵肌层厚，成束排列，各束之间为内含微血管的结缔组织膜所隔开。肌细胞一端附在肌束间的结缔组织膜上，一端游离。纵肌层内为单层扁平细胞组成的体腔上皮。

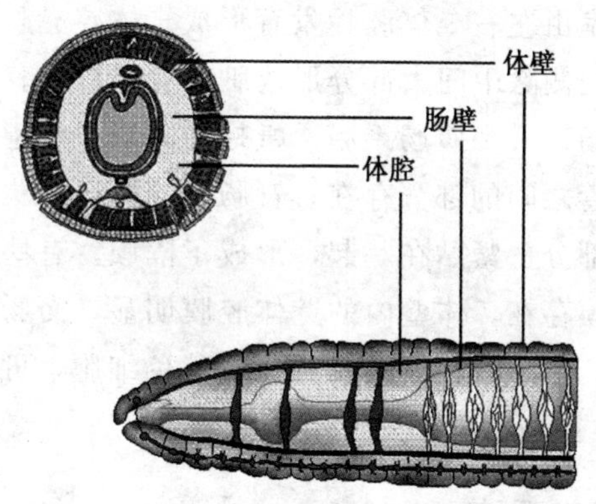

图 3　体壁与体腔

蚯蚓的肌肉属斜纹肌，一般占全身体积的 40%左右，肌肉发达，运动灵活。蚯蚓一些体节的纵肌层收缩，环肌层舒张，则此段体节变粗变短，着生于体壁上斜间后伸的刚毛伸出插入周围土壤；此时其前一段体节的环肌层收缩，纵肌层舒张，此段体节变细变长，刚毛缩回，与周围土壤脱离接触，如此由后一段体节的刚毛支撑即推动身体向前运动。这样肌肉的收缩波沿身体纵轴由前向后逐渐传递，引起蚯蚓运动。

蚯蚓为次生体腔，很宽广，内脏器官位于其中。体腔内充满体腔液。含有淋巴细胞、变形细胞、黏液细胞等体腔细胞。当肌肉收缩时，体腔液即受到压力，使蚯蚓体表的压力增强，身体变得很饱满，有足够的硬度和抗压能力。且体表富黏液，湿润光滑，可顺利地在土壤中穿行运动。体腔被隔膜依体节分隔成多数体腔室，各室有小孔相通。

每一体腔室由左右二体腔囊发育形成。体腔囊外侧形成壁体腔膜，内侧除中间大部分形成脏体腔膜外，背侧与腹侧则形成背肠系膜和腹肠系膜。蚯蚓的腹肠系膜退化，只有肠和腹血管之间的部分存在；背肠系膜则已消失。前后体腔囊间的部分，紧贴在一起，形成了隔膜。有些种类在食道区无隔膜存在。体壁内的壁体腔膜明显，而肠壁的脏体腔膜退化，中肠的脏体腔膜特化成黄色细胞，可能有排泄作用。

2. 消化系统

蚯蚓的消化系统由发达的消化管道和消化腺组成，消化管道由口腔、咽、食道、嗉囊、砂囊、胃、小肠、盲肠、直肠和肛门等部分所组成。

口腔和咽构成了蚯蚓的取食过程，口腔为口内侧的膨大处，较短，位于围口囊的腹侧，只占有第二或第一至第二体节。腔壁很薄，腔内无颚和牙齿，不能咀嚼食物，但有接受、吸吮食物的作用。

口腔之后为咽，咽壁具有较发达的肌肉层，它向后延伸到约第六体节处。口腔内壁和咽的上皮均覆盖有角质层。咽外部具有很多辐射状的肌肉与体壁相连，咽腔的扩大或缩小或外翻均靠肌肉的收缩来完成，便于蚯蚓取食。一般蚯蚓喜欢吞食湿润、细软的食物，而干燥、大而坚硬的食物较难以食取。一些大型陆栖蚯蚓，如正蚓科环毛属和异唇蚓属的种类，在咽背壁上有一团灰白色、叶裂状的腺体，即咽腺，它可分泌含有蛋白酶、淀粉酶的消化液。可见咽除具有摄食、贮存食物的功能外，还具有消化作用。

咽的后面为窄长的管状食道，在食道上有一对或几对钙腺位于食道两侧，是由食道壁内陷形成的一种腺体，它可分泌钙质，以减少体内随食物进入的过多的钙，并通过控制离子的浓度以维持体液与血液的酸碱平衡。

嗉囊为食道之后一个膨大的薄壁囊状物。它有暂时贮存和湿润、软化食物的功能，也有一定的过滤作用，还能消化部分蛋白质。某些种类缺乏嗉囊和砂囊。

在嗉囊之后，紧接的是坚硬而呈球形或椭圆形的砂囊，即所谓的“胃”。有些蚯蚓仅具 1 个砂囊，占 1 或多个体节。通常陆栖蚯蚓均具砂囊。砂囊具有极发达的肌肉壁，其内壁具有坚硬的角质层。在砂囊腔内常存有沙粒，因砂囊的肌肉强收缩、蠕动，可使食物不断地受到挤压，加上坚硬的角质膜和沙粒的研磨，食物便逐渐变小、破碎，最后成为浆状食糜，便于吸取。砂囊的存在，是蚯蚓为适应在土壤中生活的结果。砂囊之后，便是一段狭长而多腺体的管道，称为胃（被心脏和贮精囊包围着，有时又称为小肠）。因胃壁上具有腺体，能分泌淀粉酶和蛋白酶，故胃是蚯蚓重要的消化器官。

胃之后紧接一段膨大而长的消化管道是小肠，有时又称为大肠，是一段膨大而长的消化管道。其管壁较薄，最外层为黄色细胞形成的腹膜脏层，中层外侧为纵肌层，内侧为环肌层，最内层为小肠上皮。这些上皮细胞由富有颗粒及液泡的分泌细胞和长形、锥状的消化细胞组成，可以分泌含有多种酶类的消化液，并吸收消化后的营养。小肠沿背中线凹陷形成盲道，这有助于小肠的消化和吸收。大部分的食物消化和吸收都在肠中进行。

小肠后端狭窄而薄壁的部分为直肠，直肠一般无消化作用，其功能是把已消化吸收后的食物残渣变成蚓粪经此通向肛门，排出体外。

3. 循环系统

蚯蚓的循环系统由纵血管、环血管和微血管组成，属闭管式循环。血管的内腔为原体腔被次生体腔不断扩大排挤，残留的间隙形成。纵血管有位于消化管背面中央的背血管和腹侧中央的腹血管。背血管较粗，可搏动，其中的血液自后向前流动；腹血管较细，血液自前向后流动。紧靠腹神经索下面为一条更细的神经下血管，食管两侧各有一条较短的食管侧血管。环血管主要有心脏 4～5 对，在体前部，位置因种类不同而异。心脏连接背腹血管，可搏动，内有瓣膜，血液自背侧向腹侧流动。壁血管连于背血管和神经下血管，除体前端部分外，一般每体节一对。收集体壁上的血液入背血管。蚯蚓的血管未分化出动脉和静脉，血液中含有血细胞，血浆中有血红蛋白，故显红色。血循环途径主要是背血管自第 14 体节后收集每体节一对背肠血管含养分的血液和一对壁血管含氧的血液，自后向前流动。大部分血液经心脏入腹血管，一部分经背血管在体前端至咽。食管等处的分支入食管侧血管。腹血管的血液由前向后流动，每体节都有分支至体壁、肠、肾管等处，在体壁进行气体交换，含氧多的血液于体前端（第 14 体节前）回到食管侧血管，而大部分血液（第 14 体节后）则回到神经下血管，再经各体节的壁血管入背血管。腹血管于第 14 体节以后，在各体节于肠下分支为腹肠血管入肠，再经肠上方的背肠血管入背血管。

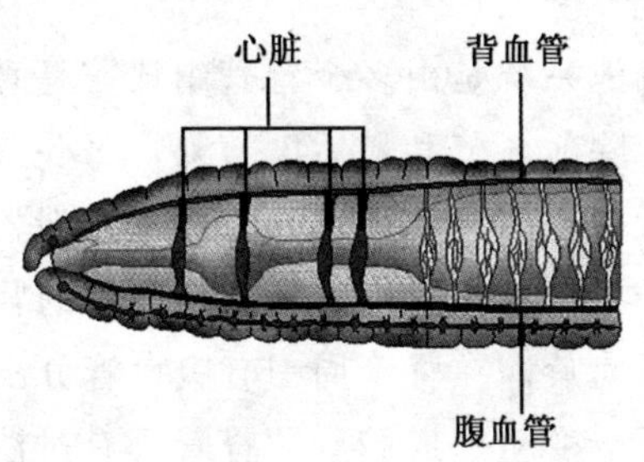

图 4　心脏、血管

4. 呼吸系统

陆生蚯蚓一般没有特殊的呼吸器官，它们主要是通过湿润且布满毛细血管网的皮肤进行气体交换，获得氧气，排除二氧化碳。

蚯蚓的呼吸过程，无论是体壁或鳃，首先是氧气溶解在呼吸器官表面的水中，然后再通过渗透作用，氧经表皮进入毛细血管的血液中，氧与血红蛋白相结合，这样氧便随血液运送到蚯蚓身体各部分。同时经代谢产生的二氧化碳和废物也带至体表和肾管等器官，最后排泄到体外。

蚯蚓呼吸时，必须保持体表足够的湿润度，才能溶解空气中的氧气，这主要依靠背孔不时喷出体腔液来实现。

体表一旦干燥，气体交换便无法进行，蚯蚓就会窒息而死。所以自然界的蚯蚓大都分布于潮湿的环境中，人工饲养时，必须注意提供充分的湿润条件。

5. 排泄系统

蚯蚓的排泄系统是由多个肾管组成，是寡毛类氮排泄的主要器官，除前 3 节和最后 1 节外，每一节都有一对肾管，也称为后肾。后肾实际就是蚯蚓的排泄器官，其出口为漏斗状带纤毛的肾口。肾管很长，每节的肾管穿过体节后端的隔膜后盘旋。在肾管周围有腹血管分出的血管网包围，肾管的后端变粗形成膀胱。肾管具有过滤、吸收和化学转化的特殊功能。后肾主要通过肾口在体腔中收集代谢产物，同时由于血管网的包围也能主动收集来自血液中的代谢产物，回收有用的盐离子及水分。

此外，蚯蚓还通过体表、消化道及肠上排泄管的开口，直接或间接地把代谢所产生的含氮废物连同一部分水和无机盐等物质，以尿液的形式排出体外。同时黄体细胞、肾孔、体壁黏液细胞等也参与了含氮废物的排泄。肾口连着一条较长的后隔膜管道，明显地分为三部分，即窄管、宽管、膀胱等。膀胱开口于肾孔，把废物排出体外。

蚯蚓的排泄物分液态和固态。液态废物的排泄是由上面所述的肾管完成的，固态废物则由蚯蚓中肠的黄体细胞来完成。黄体细胞除了积蓄后备营养物质外，还具有排除循环的血液、体腔液和在新陈代谢中产生的废物的能力。黄体细胞经常脱落进入体腔，然后和体胶液一起通过背孔排出体外。

不同种类的蚯蚓，其肾管的种类、形状、数量、排泄尿液的途径往往不同。例如参环毛蚓的肾管分隔膜肾管、体壁肾管和咽肾管，再如巨茎环毛蚓具有咽丛生肾管。

6. 神经系统

蚯蚓为典型的索式神经。中枢神经系统有位于第 3 体节背侧的一对咽上神经枢（脑）及位于第 3 和第 4 体节间腹侧的咽下神经节，二者以围咽神经相连。自咽下神经节伸向体后的一条腹神经索，于每节内有一神经节。外围神经系统有由咽上神经节前侧发出的 8～10 对神经，分布到口前叶、口腔等处；咽下神经节分出神经至体前端几个体节的体壁上。腹神经索的每个神经节均发出 3 对神经分布在体壁和各器官，由咽上神经节伸出神经至消化管称为交感神经系统。外周神经系统的每条神经都含有感觉纤维和运动纤维，有传导和反应功能。感觉神经细胞，能将上皮接受的刺激传递到腹神经索的调节神经元，再将冲动传导至运动神经细胞，经神经纤维连于肌肉等反应器，引起反应，这是简单的反射弧。腹神经索中的 3 条巨纤维，贯穿全索，传递冲动的速度极快，故蚯蚓受到刺激反应迅速。感觉器官不发达，作壁上的小突起为体表感觉乳突，有触觉功能；口腔感觉器分布在口腔内，有味觉和嗅觉功能；光感受器广布于体表、口前叶及体前几节，腹面无，可辨别光的强弱，有避强光趋弱光反应。

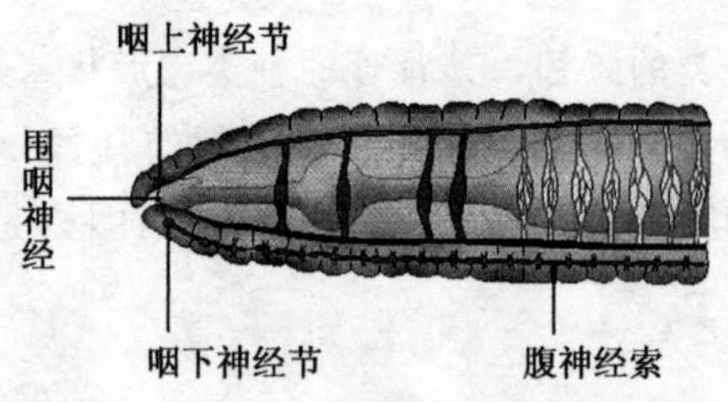

图 5　各神经位置

7. 生殖系统

蚯蚓一般为雌雄同体的动物，但大多数为异体交配受精。生殖器官限于身体前部的少数几个体节，包括雄性和雌性器官以及附属器官、受精囊、生殖环带和其他腺体结构。

生殖细胞来自体腔隔膜上的上皮细胞，例如环毛蚓具有两对精巢囊，分别位于第 10、11 体节内，每对精巢囊的后方各有一对由体腔隔膜形成的贮精囊，位于第 11、12 体节内，并与精巢囊有小孔相通。

雄性生殖器官有精巢、精巢囊、贮精囊、雄性生殖管、前列腺、副性腺和交配器构成。蚯蚓的精巢一般为一对，也有两对精巢的，贮精囊内发育着精细胞，并充满了营养液。精巢囊和贮精囊相连处为发育着的精细胞的贮存囊，精子或漏斗囊都进入体节的后壁，精漏斗有很多褶。开口于雄性管或输入管即体外雄孔，前列腺与输精管后端相连，受精囊成对。雌性生殖器官由卵巢、卵囊、卵巢腔、雌性生殖管和受精囊构成。卵巢产生卵，其后开口于卵漏斗的

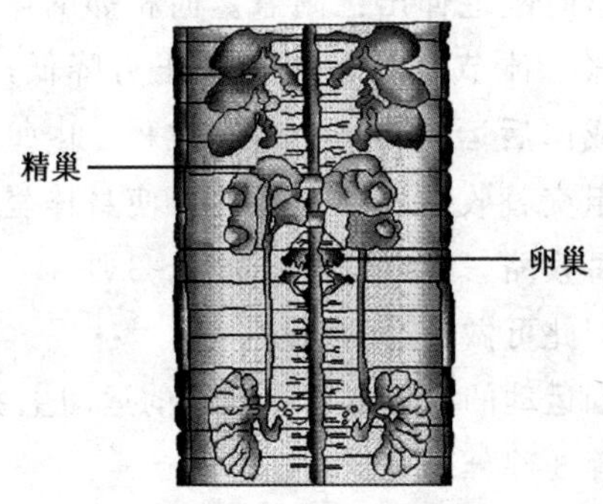

图 6　精巢、卵巢位置

背壁，其狭窄的后部形成输卵管，开口于体腹面，一般生殖带由厚的腺体表皮组成，特别是背部和侧部是三层腺体细胞（黏液腺、卵茧分泌腺和白蛋白腺）组成，能分泌一种黏稠物质，可形成黏液管和蚓茧。

四、生物学特性

1. 运动性

蚯蚓作为一种动物，其运动方式有其特殊性，是由蠕动收缩来完成运动的。

（1）运动方式：蚯蚓在运动时，几个体节成为一组，一组内的纵肌收缩，环肌舒张，体节则缩短，同时体腔内压力增高，这时刚毛伸出已附着。而相邻的体节组环肌收缩，纵肌扩张，体节延长，体腔内压力降低，刚毛缩回，使身体向前或向后运动。整个运动过程，由每个体节组与相邻的体节组交替收缩纵肌与环肌，使身体呈波浪状蠕动前进。蚯蚓每收缩一次一般可前进 2～3 厘米，收缩的方向可以反转，因此可做倒退的运动。

（2）蚯蚓运动的主要器官：蚯蚓的运动主要是由体壁、刚毛和体腔等 3 部分来完成。

①体壁：当体壁得到运动的指令以后，首先体壁的体节进行分组，一组使体壁固定附着在某物体上；另一组体壁收缩，使体壁变短后并固定，而前面一组向前延伸，固定附着后，后面一组再向前收缩。因此，蚯蚓的运动实际上是体壁收缩蠕动的结果。

②刚毛：刚毛使体壁固定附着，相当于人的手，当需要固定附着时，刚毛则从体壁的刚毛囊内伸出，而当体壁需要前进时，则刚毛可收回到刚毛囊内。因此，如果没有刚毛，蚯蚓的体壁不能完成收缩，而无法前进或后退。

③体腔：体腔内由体腔液组成，蚯蚓通过控制体腔液的流动，使体腔内不同部位的压力发展变化，来迫使体壁的收缩，因此体腔可协助蚯蚓运动的完成。

2. 穴居性

在生活于土壤里的形形色色的动物中，陆生蚯蚓属杂食性全期土壤动物，即终生在土壤中营穴、居住、生活。

蚯蚓具有钻土凿洞的高超本领，筑成的洞穴纵横交错，四通八达，大都位于深 7～15 厘米的表土层内。蚯蚓钻土打洞时，先将身体前端变成尖楔状并伸长，钻入土中，然后利用膨胀后的口前叶，将四周土壤挤压推开。如此一伸一缩，向下推进，很快便钻成一条“隧道”而深入土中。遇到推挤不开的坚硬土块，就干脆以吸吮方式将泥土吞入腹中，然后从肛门排出，硬是啃出一条孔道来，整个身体随之逐渐进入洞穴。孔道直径大小至少等同于蚓体收缩时的体宽，并随着蚓体不断生长而逐渐扩大。洞穴内壁糊上一层与蚯蚓排出的黏液混合的细土。细土起初呈球形颗粒状，柔软而有黏性，经过蚯蚓身体不断摩擦，天长日久，便变得干燥、光滑而坚固，洞穴变得与蚓体更为贴切、适中。在洞穴上部，往往可见到由蚯蚓拖来的树叶作为洞壁的衬里；在洞口，除了蚯蚓粪外，还有沙粒、石子封塞或掩盖。那些通入土壤深处的洞穴，在“隧道”的终点，有略为扩大的窝穴，供作蚯蚓蜷曲成团时的越冬场所，还可供蚯蚓掉头转身之用，窝里往往铺垫着小石子。当蚯蚓钻洞时前端朝下，排粪时后端伸出洞口，但在出洞觅食或交配时，前端却转而向上。

蚯蚓白昼隐居洞穴，夜间才外出觅食，每分钟蠕动前进的行程约为其自然体长的 2 倍。它在夜间将地面的落叶之类有机物拖入洞中，连同泥土一并吞食，经 2～3 小时便消化完毕，然后以其后端退到洞口处排泄粪便，此粪便称为蚓蝼。如果体内所含水分较多，排泄的蚓线呈小滴状喷泄而出；倘若所含水分较少，则蚓蝼呈缓慢运动的蠕虫状排出。成堆的蚓蝼被有规则地排出，先排于一侧再排于另一侧，如此交替进行，最终形成塔状。其大小与蚯蚓体形有关，体形越大，蚓蝼越高，甚至可以形成 20～25 厘米高的圆锥状蚓蝼。人们可以据此推断土壤中蚯蚓的体形大小。

蚯蚓分布于土壤中的深度与其种类有关。如爱胜双胸蚓，大都栖息于富含有机质的表土范围内，在耕作层容易找到其踪迹；背暗异唇蚓、绿色异唇蚓、红色异唇蚓、栗色正蚓和红色正蚓，通常活动于 10～23 厘米深的表土层内；湖北环毛蚓，6 月为活动旺盛期，多在 1～10 厘米深的范围活动，11 月后迁入 20～30 厘米深层内，翌年 1 月钻入积雪下 50～60 厘米深处，甚至可在 80 厘米深处越冬。

蚯蚓由于长期生活在土壤的洞穴里，其身体的形态结构对生活环境具有相当的适应性。头部因穴居生活而退化，虽然在身体的前端有肉质突起的口前叶，在口前叶膨胀时能摄取食物，当它缩细变尖时又能挤压泥土和挖掘洞穴；但因终年在地下生活，并不依靠视觉来寻觅食物，所以在口前叶上不具有视觉功能的眼睛，而只有能感受光线强弱或具有视觉的一些细胞。蚯蚓的感觉器官也因为穴居生活而不发达，只是在皮肤上有能感受触觉的小突起，在口腔内有能辨别食物的感觉细胞，以及主要分布在身体前端和背面的感光细胞，这种感光细胞仅能用来辨别光线的强弱，并无视觉功能。

3. 摄食性

蚯蚓系杂食性动物，食性极广，除了金属、玻璃、砖石、塑料和橡胶之外，几乎所有的有机物都能吃，尤其嗜食腐肉。表面上看来，蚯蚓似乎在津津有味地吞食泥土，其实它只是摄取泥土中腐熟、分解了的动物和植物残体，以及细菌、真菌、酵母菌、线虫和原生动物。在自然界，蚯蚓主要以表土层的枯枝、落叶、腐草和土壤中的虫卵、蛹尸等为食。

在自然界，蚯蚓以生活在土壤上层 15～20 厘米深度以内者居多，越往下层越少，这主要是由蚯蚓的食性决定的。土壤的上层常有大量的落叶、枯草、植物根茎叶以及腐烂的瓜果、动物粪便等含有丰富有机质的物质，这都是蚯蚓最好的食物。蚯蚓的食性很广，属杂食性动物。蚯蚓在土壤中呈纵向地层栖息，头朝下吃食，有规律地把粪便排积在地面。

在人工喂饲条件下，喜欢吃腐烂的树叶、菜叶、瓜果、马铃薯、稻草、麦秸、锯木屑、废纸渣和食品加工下脚料等，也摄食动物粪便，尤其嗜食牛粪、马粪、猪粪，其次爱吃苦味、辣味及含单宁多的食物。对含盐量小于1%的咸味食物，既不嗜食也不拒食。因此，投喂蚯蚓的食物必须是有机物，既要经过发酵腐熟，又不能混入化学药品（如矿物油、肥皂水、农药）及有毒物质，以免蚯蚓拒食或逃逸。

蚯蚓的采食量与其种类、发育阶段、饲料品种及环境条件等因素有关。

4. 生活环境

蚯蚓是夜行动物，又是变温动物，终生营居土壤生活。

影响其生长发育和繁殖的主要条件，除了食物外，还包括温度、湿度、光照、土壤酸碱度、通气和含盐度等。

（1）温度

蚯蚓的体温随着外界环境的变化而升降。环境温度直接影响蚯蚓的新陈代谢、生长发育和繁殖等生命活动，是蚯蚓最重要的生活条件之一。

1）适宜温度和致死温度因蚯蚓种类的不同而有差异

①适宜温度：以正蚓科蚯蚓为例，红色爱胜蚓、背暗异唇蚓为12℃，绿色异唇蚓、蓝色辛石蚓为15℃，红正蚓为15～18℃，深红枝蚓为18～20℃，赤子爱胜蚓为25℃。

②致死高温：环毛蚓为37～37.7℃，红色爱胜蚓为37～39℃，背暗异唇蚓为39.5～40.7℃，威廉环毛蚓、赤子爱胜蚓、天锡杜拉蚓为39～40℃，日本杜拉蚓为39～41℃。有鉴于此，为了保证蚯蚓正常生长、繁殖，高温季节养殖场所应采取防暑降温措施，包括在饲养床上经常洒水，加以必要的遮盖；室外养殖，可将饲养床安放于树阴下、遮阳棚内、竹园内、防空洞内。

蚯蚓在0～5℃进入休眠状态之后，抗寒能力增强。习居北方地区的蚯蚓耐寒性较佳，如红色爱胜蚓、微小双胸蚓及杜拉蚓。

2）环境温度直接影响蚯蚓的生长发育

①温度对蚯蚓正常活动的影响：蚯蚓属于变温动物，即自身不能对体温进行调节。当外界温度升高时蚯蚓的体温就会增加，当外界温度降低时蚯蚓的体温也会随之下降，因此，蚯蚓的体温是随外界环境温度的变化而变化的。当

外界温度高于 35℃时，蚯蚓就会进入夏眠，当外界温度高于 40℃时，蚯蚓就会出现死亡。当然不同品种的蚯蚓耐高温也是有差异的，如使环毛蚓致死的高温为 37～37.5℃，使赤子爱胜蚓和威廉环毛蚓的致死高温为 39～40℃。即使是同一个品种的蚯蚓在不同的生长发育阶段也是有差别的。当外界温度低于 5℃时，蚯蚓就会进入冬眠，当外界温度低于 0℃时，就会出现死亡。

②温度对蚯蚓生长繁殖的影响：适宜的温度是蚯蚓生长繁殖的必要条件，适宜的温度决定了蚯蚓的生长速度和繁殖的速度。通常情况下蚯蚓的活动温度在 7.5～32.5℃，适宜的温度在 15～27.5℃，最佳温度为 20℃左右。因此外界温度在 20℃时，蚯蚓普遍生长速度最快，产卵量最高。即使孵化中的卵包在不同的温度孵化的时间也不相同，如异唇蚓，当温度在 20℃时，卵包孵化时间在 35 天左右，温度在 15℃时，卵包孵化时间在 50 天左右，温度在 10℃时，卵包孵化则需要 100 天以上。

（2）湿度

土壤湿度直接关系到蚯蚓的生长发育和繁殖效果。蚯蚓完全依赖体表进行呼吸，故生活环境必须保持湿润。一旦进入干燥环境，其体表将因失水而无法进行气体交换，就会迅速死亡。蚯蚓体内含水分 70%～80%，在干燥环境中体内水分易于散失；体内水分减少 10%～20%时，虽能勉强生长，但繁殖受阻；当体内失水 50%时，蚯蚓将无法生存。

不同的蚯蚓种类对环境湿度的要求有所不同。威廉环毛蚓要求土壤湿度为60%～70%，爱胜蚓则为70%～80%。生活于潮湿环境的蚯蚓，通常个体较小，多数为正蚓科蚯蚓。栖息于菜园、路旁等较干土壤中的蚯蚓，个体较大，大多为环毛属蚯蚓，比较耐干旱；若通气良好，它们也可以生活在湿度为80%的土壤中，繁殖旺盛。栖居于山上的合胃蚓也较耐旱。遇到干旱，蚯蚓会从背孔喷出体腔液以湿润体表，或者钻入土壤深处避旱，必要时不吃不动，以延缓生命活动；待获得足够水分，便重新恢复采食活动和繁殖能力。人工饲养床的基料厚度有限，蚯蚓无深土可钻，故养殖时须注意防止干旱。天津市饲料研究所曾做过赤子爱胜蚓喜湿性试验，结果表明，这种蚯蚓在由发酵马粪拌和木屑的养殖床中生活，最佳含水率为71.5%。

陆生蚯蚓不太怕水，有的种类浸泡在水中能生存几天甚至几十天，它可利用水中溶氧进行呼吸。但水分太多，对蚯蚓生存也不利，特别是在缺氧的水中。一般在暴雨或浸水之后，常见蚯蚓四散逃逸甚至大批死亡。原因是这种雨水落地之后，溶氧量急剧减少，灌满蚯蚓洞穴后，蚯蚓因缺氧难以呼吸而纷纷爬上地表；一旦受到烈日暴晒，便因体表失水而大量死亡。利用蚯蚓的上述特性，人们可在雷暴雨之后到野外采集蚯蚓，或者采用大水淹灌方法收捕蚯蚓。

①湿度对蚯蚓的生存及生命代谢的影响：蚯蚓体内含水分70%～90%，因此，水是蚯蚓身体的主要组成部分。同时蚯蚓的呼吸也主要依靠溶解水中的氧与体表进行气体交换，长时间水分的不足，蚯蚓就会因得不到氧而窒息死

亡。因此要使蚯蚓正常生存就要保持适宜的湿度。但是湿度也不能太高，如果出现长期渍水现象，蚯蚓也会逃逸，同样会因水分过高而窒息死亡。最适宜的土壤含水量在20％～30％为宜。

②湿度对蚯蚓的产卵量和卵包孵化的影响：蚯蚓在不同的生长繁殖阶段对湿度的要求也不尽相同。当湿度适宜时蚯蚓的产卵量就会增加，孵化率也会明显提高。

对湿度的掌握应注意以下几个方面：一是不同季节的用水量。夏季需要降温，可适当增加用水量，应于每天的早晚各喷1次水；冬季可适当减少喷水量，可掌握在每星期喷2次水；而春秋季节可掌握在1～2天喷1次水，露天养殖遇到雨天，可以不喷水，以防止水分过多。二是加强地面保护，夏季可在蚓床上盖上稻草等农作物秸秆，起到降温保湿的作用；冬季可在蚓床上覆盖塑料薄膜，起到保温保湿的作用。三是喷水应掌握“宁少勿多”的原则。当发现水分不足时可随时喷水，而不要一次喷水太多，可勤喷水，如果超过水分的适宜标准，就会造成蚯蚓不适。四是注意喷水用具，如喷雾器等不能被农药或有害物质污染，如果不了解以前是否被污染，则应先清洗干净后再使用。

(3) 酸碱度

蚯蚓体表分布有化学感受器，对外界环境的酸碱度强弱十分敏感。它对强酸、强碱环境不能忍受，只适合生存于弱酸、弱碱的环境。

不同种类的蚯蚓，对土壤酸碱度（pH）的要求有所差异。双胸属、环毛属的许多蚯蚓喜栖居于偏酸性的土壤，栖息于沙土中的两种环毛蚓则喜欢偏碱性的土壤。据试验，赤子爱胜蚓在 pH 为 6～8 的土壤中生长发育、繁殖良好，在 pH 为 7.5～8 范围内产蚓茧最多。这表明它们适于生长在弱碱性环境中；如将它们投入 pH 在 5 以下的酸性环境中，则会呈现强烈的拒避反应、痉挛性扭曲，从背孔喷出体腔液，继而蚓体伸直，不久即死亡。

有鉴于此，在养殖蚯蚓时，应注意饲养床基料的 pH 是否符合所养蚯蚓种类的需要，它关系到养殖能否成功。从野外采捕蚯蚓时，应顺便测试其原栖息土壤的 pH，在养殖中尽量予以满足。必要时，可利用弱酸（如醋酸、柠檬酸）、弱碱（如碳酸钙）分别进行调节，切勿使用硫酸、盐酸、硝酸之类的强酸或生石灰之类的强碱。

（4）盐类

土壤、饲料所含盐类及其浓度，对蚯蚓的生存有较大影响。不同种类的蚯蚓对盐类的耐受性有所差异。据试验，威廉环毛蚓投入浓度为 0.8％和 1.6％的食盐溶液之后，生存时间分别为 145 分钟和 52 分钟；浓度低于 0.8％，蚯蚓在 24 小时内未见死亡。因此，在养殖过程中，要防止盐水（海水）、某些农药、有害污水的毒害。如拟利用蚯蚓改良大片土壤，必须充分考虑不同种类的蚯蚓对于酸碱度、盐类的反应，才能收到预期的效果。某些化肥对蚯蚓有不利影响，但施用浓度为 1％以下的尿素，则对蚯蚓无害，还可增加氮源而有助于蚯蚓生长。因此，在大片农田中养殖蚯蚓时，应尽量施用有机肥和尿素。

（5）声音

蚯蚓听觉迟钝，但对借助固体传导或直接接触到的机械震动却非常敏感，震动土层可使蚯蚓逃出地面。因此，养殖蚯蚓应远离公路、铁路等震动较强的地方，养殖场应避免震动和噪声。此外，人们还可利用地震前蚯蚓纷纷逃离洞穴这一现象来预报地震，采取防震措施。蚯蚓在大雾、阴雨、大风等情况下也往往爬出洞穴。

(6) 光照

蚯蚓没有明显的眼，只是在表皮、皮层和口前叶这些区域具有类似晶体结构的感觉细胞。一般蚯蚓为负趋光性，尤其惧怕强烈的光照刺激。蚯蚓对不同波长的光线有不同的反应，畏太阳光、强烈的灯光、蓝光和紫外线照射，但不怕红光，所以蚯蚓通常在傍晚和清晨时出穴活动。试验结果表明，蚯蚓最适宜的光照度为 32～65 勒克斯，当光照强度增至 130～250 勒克斯时，蚯蚓会出现负趋光反应，当光照强度增至 190～200 勒克斯时，蚯蚓会以极快的速度藏到较黑暗的地方。此外，阳光和紫外线对蚯蚓有杀伤作用。因此，在养殖蚯蚓时应特别注意，避免将蚯蚓暴露在阳光下照射，应遮阴避光养殖。不过，可以根据蚯蚓对光照的反应，在养殖采收时加以利用，利用蚯蚓惧怕光线的特点来驱赶蚯蚓，使之与粪便分离，提高采收效率。另外，还可以利用蚯蚓不怕红光的习性，在红光照射下，对蚯蚓的生活习性、行为等进行观察和研究。

(7) 空气

多数蚯蚓在呼吸过程中需要不断地吸收氧气，排出二氧化碳。只有少数种类的蚯蚓行兼氧呼吸，可以在缺氧的环境中生活。蚯蚓是靠皮肤上的气孔进行呼吸的，在自然界，当雨水过后，往往有许多蚯蚓爬行在路上或被雨水溺死。这是由于雨水过多而将蚯蚓栖息的洞穴封闭，一方面严重缺氧，另一方面二氧化碳浓度过高，二氧化碳溶于水后成为碳酸，蚯蚓忍耐不了酸性的刺激，而爬出洞外。如果通气良好，蚯蚓新陈代谢就旺盛，产卵多，成熟期缩短，蚓体发育良好，色泽鲜艳，有光泽，活动能力强。如果通气不良，蚯蚓生长发育受阻，体色发暗不鲜，行动迟缓呆板。通常蚯蚓对土壤中二氧化碳浓度耐受的极限在0.01%～11.5%（有的蚯蚓也可达50%以上），如果超过上述极限，蚯蚓往往出现迁移、逃逸等现象。有些气体对蚯蚓有害，例如在冬季，为了给养殖蚯蚓的场所增温，往往生炉子，如果通烟管道不好，泄漏烟气，会导致蚯蚓大量死亡，就是因为烟气中含有二氧化硫、三氧化硫、一氧化碳等有毒气体。另外，在饲料发酵过程中，会产生二氧化碳、氨气、硫化氢、甲烷等有害气体，当达到一定浓度时，则对蚯蚓产生有害作用，导致其逃逸和死亡。据报道，氨气浓度超过 17×10^{-6} 时，会引起蚯蚓大量分泌黏液，集群死亡；硫化氢浓度超过 20×10^{-6} 时，会引起蚯蚓的神经系统疾病而死亡；甲烷浓度超过 15×10^{-6} 时，会造成蚯蚓体液外溢而死亡。因此，饲料投喂前要充分发酵，发酵后的饲料最好经过翻捣、淋洗或放置一段时间后再喂用，以便使有害气体尽量散失。

（8）食性

蚯蚓是杂食性动物，在自然界，生长在土壤中的蚯蚓喜欢吞食腐败的残枝落叶、牲畜粪便和肥沃的土壤。食物的种类和总量不仅影响蚯蚓种群的大小，也影响蚯蚓的生存、生长和繁殖。蚯蚓的食物主要是无毒、酸碱度适宜、盐度不高并且经微生物分解发酵后的有机物，如各种植物茎叶、畜禽粪便，另外食品酿造、木材加工、造纸等轻工业的有机废弃料（如酒糟、糖渣、废纸浆液、木屑等）和各种农副产品的废弃物、家庭垃圾（厨房的废弃物、水果皮等）以及活性污泥等均是蚯蚓的好饲料。不同种类的蚯蚓对各种食物的适口性和选食性是有所差异的。在自然界，蚯蚓特别喜食富含钙质的枯枝落叶等有机物，但蚯蚓对含有苦味、含有生物碱和各种芳香族化合物成分的食物很难食用或根本不取食。赤子爱胜蚓喜食经发酵后的畜禽粪便，含蛋白质、糖源丰富的饲料，尤其喜食腐烂的瓜果、香蕉皮等酸甜食物，并且对甜、腥味的食物特别敏感。因此，养殖蚯蚓时可适当喂烂水果、洗鱼水或鱼内脏等，可提高蚯蚓的食欲和食量。蚯蚓从食物所含的蛋白质、无机氮源、糖类、纤维素和木质素等物质中吸收氮素和碳素营养，还需要吸收钙、钾、钠、镁、磷等矿物质元素。一般来说，食物中营养成分含量越丰富，蚯蚓生长繁殖越快；反之，则生长繁殖缓慢，成熟期延长，产蚓茧亦少。不同种类的蚯蚓，其食量也有很大的差异。例如背暗异唇蚓，成蚓平均每条每年摄食（干重）为 20～24 克，红正蚓为 16～20 克。性成熟的赤子爱胜蚓，每天的摄食量为自身体重的 80％～90％，日吞食量约 0.4 克。1 亿条蚯蚓，每日的进食量为 40 吨左右，而排出的粪便为 20 吨左右。当然，蚯蚓的进食量与其生长发育阶段、饲料的种类以及所处的环境条件有着密切的关系。养殖蚯蚓时，必须合理地配制饲料和科学地投喂，才能达到最佳的养殖效果。

5. 繁殖特性

蚯蚓虽然是雌雄同体动物，但由于雄性生殖器官先发育成熟，故必须进行异体受精，互相交换精子，才能顺利完成有性生殖过程。有的蚯蚓在特殊情况下可以完成同体受精或孤雌生殖。无论哪种繁殖方式，都要形成性细胞，并排出含 1 枚或多枚卵细胞的蚓茧（又叫卵包、卵囊）。这是蚯蚓繁殖所特有的方式。

（1）交配：蚯蚓性成熟后即可进行交配，目的是将精子输导到配偶的受精囊内暂时贮存，为日后的受精过程做好准备。不同种类的蚯蚓，交配方式不尽一致。

当两条蚯蚓的精巢均完全成熟后，多于夜间在饲养床表面进行交配。它们的前端互相倒置，腹面紧紧地黏附在一起，各自将精子授入对方的精囊内。经过 1～2 小时，双方充分交换精液后才分开。精液暂时贮存于对方的受精囊中，7 天后开始产卵。

（2）排卵：排卵时，蚯蚓的环带膨胀、变色，上皮细胞分泌大量分泌物，在环带周围形成圆筒状卵包，其中含有大量白色黏稠的蛋白液。此时，卵子从雌性孔排出，进入蛋白液内。排卵后蚯蚓向后退出，卵包向身体前方移动，通过受精囊孔时，与从囊中排出的精子相遇而完成受精过程。此后卵包由前端脱落，被分泌的黏液封住包口，遗留于表面至 10 厘米深的土层中。表土层空气充沛，湿度适宜（50%～60%），腐殖质丰富，有利于卵茧孵化和幼蚓生长发育。

（3）蚓茧：蚯蚓交配后向土中排出的卵包即蚓茧，似黄豆或米粒大小，直径 2～7.5 毫米，重量 20～35 毫克，多为球形、椭圆形、梨形或麦粒状等，其色泽、内含受精卵数目与蚯蚓种类有关。环毛蚓的蚓茧呈球形、淡黄色；参环毛蚓的蚓茧为冬瓜状、咖啡色；爱胜蚓的蚓茧为柠檬状、褐色。异唇属蚓的蚓茧只含 1 枚受精卵，仅孵出 1 条幼蚓；正蚓属蚓可孵出 1～2 条幼蚓；爱胜属蚓可孵出 2～8 条幼蚓，最多的达 20 条。蚓茧的数量取决于蚯蚓种类、气候和营养状况。通常每条蚯蚓年产 20 多枚蚓茧，最少有 3 枚，多的达 79 枚。平均每条蚯蚓每 5 天产生 1 枚蚓茧，如饲料充分、营养足够，每 2～3 天可产 1 枚蚓茧。

蚯蚓产卵的最佳外部条件为：温度 15～25℃（超过 35℃则产卵明显减少或停产）；饲养床含水率为 40%（低于 20%则死卵增加）；宜提供营养全面的配合饲料，最好使用畜粪，可比使用堆肥、垃圾、秸秆的产卵量约提高 10 倍。另外还要求饲养床疏松透气，放养密度适宜。

蚓茧的孵化，需具备下列条件：

①温度：起点温度为 8℃，20℃以下，孵化率可达 70%；25℃以上，孵化率降为 30%。高温不利于幼蚓孵化。

②湿度：饲养床最佳含水率为 28%～30%，要求上松下湿不积水，床面直盖秸秆保湿。若含水率低于 20%，卵茧干瘪，孵化率显著降低。

③通气：如养殖床的二氧化碳含量超过10%，会影响幼蚓出壳，成活率低。为此，孵化期的饲料层宜薄不宜厚。

④基料：蚯蚓适宜在原基料孵化，切勿随意变更饲料层成分。为便于幼蚓破壳和觅食，前期宜采取块状或条状加料法。基料厚度宜为15～20厘米，pH为6～7。

6. 再生性

蚯蚓虽然属于低等蠕虫类动物，却具有顽强的生命力。这不仅表现在它对恶劣环境的高度耐受力，还表现在它具有强大的再生功能。

蚯蚓机体的一部分在受到损伤、脱落或截除后，又重新生长的过程称为再生。再生性是蚯蚓的一种特殊生命现象，蚯蚓的再生分为生理性再生和损伤性再生。生理性再生是正常生命活动中不断进行着的过程，而损伤性再生的能力因种类不同而存在着很大的差异。同时躯体后部的再生能力普遍高于躯体前部的再生能力，但蚯蚓再生后的体节一般不会超过原来未受伤时的体节。再生后一般躯体前部的再生部分和躯体其余部分一样宽，而躯体后部的再生部分比躯体其他部分要细一些，但随着时间的推移，会逐渐加宽。再生组织一般要2～3个月才能长满色素。

蚯蚓的再生性与腹部神经索及肠表面线状细胞有密切关系。当身体刚切断时，未受伤部分的线状细胞和体腔特殊的游离细胞将其中含有的糖原进行酵解，大量地转移到受伤区域，作为维持再生的能源。人们试验证明，损伤后10天，也就是再生进行了10天时，受伤部位的糖酵解要比正常组织高 20%以上。如赤子爱胜蚓被切断后，每克体重的糖原由未切断时的 5 毫克，下降到切断后的 2.1 毫克。当再生开始时，糖原含量每克体重只有 0.2 毫克，直到再生组织完成后 2 个多月，才能逐渐恢复到正常水平。同时，蚯蚓再生中受伤组织呼吸衰弱，但随着再生的完成而慢慢恢复正常。人们用背暗异唇蚓做试验，当蚯蚓局部切断后，肌肉组织的平均呼吸速度每 100 毫克体重每小时吸收 7 微升氧气，是正常时吸收氧气 14 微升的一半。随着再生组织的逐渐完善，其呼吸量逐渐增加，7 天后可增加到 11 微升，以后几个星期才逐渐恢复到正常的功能标准。

蚯蚓的再生和温度也有密切关系，一般夏季的再生较快，最适宜的温度为 20℃左右。同时生长中幼蚓要比成蚓再生能力要快一些。但如果切去具有性器官的体节，一般不会再生。经过长期的试验证明，如果将蚯蚓一部分移植到另一个蚯蚓体上是可行的，但尾与尾相连接要比头与头相连接成功率高得多。生殖器官的移植成功率也比较高。

7. 生活周期

蚯蚓的生活周期是指从蚓茧产下开始，经孵化、幼蚓成熟，直至出现环带并开始产卵。通常为 3～4 个月。日本选育的养殖良种太平 2 号、北星 2 号，生活周期最短仅 47 天，最长为 128 天。还有的品种长达 140～180 天，这与饲养温度密切相关。蚯蚓的一生需经历卵茧期、幼蚓期、若蚓期、成蚓期、衰老期共五个时期。

（1）卵茧期：蚓茧的孵化时间与环境温度有关。太平 2

号在不同温度下的孵出时间为：10℃时，需 85 天；15℃时，需 45 天；20℃时，需 25 天；25℃时，需 19 天；28℃时，需 13 天。

（2）幼蚓期：幼蚓体态细小且软弱，长度为 5～15 毫米。最初为白色丝绒状，稍后变为与成蚓同样的颜色。此期是饲养中的重要阶段，直接关系到增重效果。幼蚓期长短与环境温度有关。在 20℃条件下，大平 2 号蚯蚓的幼蚓期为 30～50 天。

（3）若蚓期：若蚓期即青年蚓期。其个体已接近成蚓，但性器官尚未成熟（未出现环带）。大平 2 号蚯蚓的若蚓期为 20～30 天。

（4）成蚓期：成蚓的明显标志为出现环带，生殖器官成熟，进入繁殖阶段。成蚓期是整个养殖过程中最重要的经济收获时期。这期间应创造适宜的温度、湿度等条件，以促进高产、稳产，并延长种群寿命。此期历时占蚯蚓寿命的一半。

（5）衰老期：衰老的主要标志为环带消失，体重呈永久性减轻。此时，蚯蚓已失去经济价值，应及时分离、淘汰。

养殖状态下，蚯蚓个体的寿命要远远长于野生蚯蚓。蚯蚓各个种类的寿命长短有所差异。环毛蚓属寿命大多为 1 年，如普通环毛蚓、希珍环毛蚓，受精卵在土中的蚓茧内越冬，于翌年 3～4 月孵化，6～7 月长为成蚓，9～10 月交配，11 月间死亡。异毛环毛蚓、湖北环毛蚓、巨环毛蚓，则系多年生种类，寿命超过 1 年，以成体状态越冬，翌年春季产卵，属于越年生蚯蚓。异唇属、正蚓属蚯蚓寿命较长，赤子爱胜蚓可存活 4 年多，陆正蚓长达 6 年，长异唇蚓在实验室良好的饲育条件下，可存活 5～10 年。

8. 食性

蚯蚓是杂食动物，以泥土、垃圾、粪便、枯叶、枯草、瓜菜、木屑、废纸、原生物和微生物尸体为食物。蚯蚓一天的摄食量与自己的体重大致相等，其中有一半作为蚓粪排出。生产 1 吨鲜蚯蚓，需摄食 70～80 吨有机垃圾。

第3章 养殖场地及方式

人工养殖蚯蚓的目的是要达到投入产出的最佳效益，尤其是规模化的蚯蚓养殖场。场地的选择和植被的布局直接关系到蚯蚓能否养殖成功，以及产量的高低和经济效益，因此，在选择合适的场地之后，要使植被布局达到最佳状态。

一、养殖场地的选择

根据蚯蚓的生活习性和生长要求，养殖场应选择在僻静、温暖、潮湿、植物茂盛、天然食物丰富、没有污染等接近自然环境的地方。养殖地形最好是稍向东南方向倾斜，以便接受更多的阳光照射。水源注意建在排灌方便、不易造成旱涝灾害的地方。土质要选择柔软、松散并富含丰富的腐殖质的土壤为好。

1. 通风避阳

通风的目的就是要改变不适合蚯蚓生存的气候条件。如高压高热天气，没有通风做保证，蚯蚓就会窒息死亡，尤其是地处我国的“火炉”地区，炎热的夏季如果没有通风设施，蚯蚓就很难生存。因此，养殖场地的选择应为通风较好的地方。但同时要注意秋末冬初北方寒流的袭击，应提前做好防霜、防冻等工作。

避阳即要防止阳光的直接照射，尤其是在夏季，炽热的阳光，不但地温提高较快，而且养殖土中的水分也会大量蒸发，这样就会给蚯蚓的生存造成威胁。采取的措施一般是栽种植物或用遮阳网等方法。当然冬季人工养殖蚯蚓适当增加一些光照也是必要的。

2. 阴暗潮湿

阴暗的地方往往温度比较平衡稳定，适合蚯蚓的生长和繁殖。但要注意虽然要求阴暗，也不要黑暗，要有足够的散射光；虽然要求潮湿，也不要污浊，污浊的环境也不利于蚯蚓的生存。

3. 植被

植被的优劣直接关系到养殖物生态环境的平衡，因此应引起足够的重视。

（1）地皮植被：地皮植被以矮小草本植物为主，以增加地表的含水率。有条件的还可栽植一些翡翠草、玻璃翠等多肉植物。注意种植一些多年生的植物，这样可以一次种植，多年收效。

（2）树木栽植：栽植的树种最好为常绿乔木为主，特别是中、小树种应全部选用长青树，如枇杷、塔柏、月月竹等。此外还应按照高矮不同，层次分开，其他落叶乔木可选择榆、杨、槐之类树木。夏季用于遮阴时，还可以选择一些果树，如桃、李、杏等。

二、养殖方式

人工养殖蚯蚓具体的养殖方法和方式应根据不同的目的和规模大小而定。其养殖方式一般可分为两大类，即室外养殖和室内养殖。室内养殖，按照养殖容器的不同，有盆养法、筐箱养殖法等；室外养殖，常见的有池养法、沟槽养殖法、肥堆养殖法、沼池养殖法、垃圾消纳场养殖法、园林和农田养殖法、地面温室循环养殖法、半地下室养殖法、人防工事养殖法、塑料大棚养殖法、通气加温加湿养殖法等。虽然养殖容器和场地各异，但其基本原理是相同的，就是要科学地去养殖。

1. 缸盆（钵）养殖法

可利用花盆、盆缸、废弃不用的陶器等容器饲养。由于盆缸等容器体积较小，容积有限，一般只适于养殖一些体形较小，不易逃逸的蚯蚓种类，如赤子爱胜蚓、微小双胸蚓、背暗异唇蚓等。而体形较大的、易逃逸的环毛蚓属的蚯蚓往往不适宜于这种养殖方式。该法也仅适用于小规模的养殖，但有其优点，即养殖简便、易管理，搬动方便，温度和湿度容易控制，便于观察和统计，适宜于养殖的科学试验。

盆内所装饲料的多少取决于盆的容积大小和所养蚯蚓的数量。一般常用的花盆等容器，可饲养赤子爱胜蚓 10～70 条，但盆内所投放的饲料不要超过盆深的 3/4。由于花盆体积较小，盆内温度和湿度易受外界环境条件的影响而产生较大的变化。盆内的表面土壤或饲料容易干燥，温度也易于变化。所以在用花盆养殖时要特别注意，在保证通气的前提下，要尽量保持盆内土壤或饲料的适宜湿度和温度，如可加盖苇帘、稻草、塑料薄膜等，经常喷水，以保持其足够的湿度。还应注意的是在选择盆、缸、罐等容器时，一定不要用已盛过农药、化肥或其他化学物品的容器，以免引起蚯蚓死亡。

常规的陶缸养殖法存在着透气性差、滤水性差、基料性能不稳定的弊端，因此可做一些技术改进。

(1) 缸壁凿孔：农家盛水、贮粮的大型陶缸，如改用于养殖蚯蚓，必须加以合理改造，达到透气、滤水效果。如果像花盆那样在底部开孔透气，蚯蚓因喜暗而会从此孔逃逸；陶缸也因开了底孔而失去保水功能。正确的方法是：在距缸底10～15厘米处沿缸壁开凿直径3～5厘米的孔洞，以利缸内基料排水、透气。孔洞凿成后，取网孔为8～12目的尼龙纱网遮住孔洞，用树脂胶将纱网固定。

(2) 铺垫滤水石：陶缸底部铺垫一层滤水石，其作用是：第一，可将基料中的多余水分及时滤掉，不至于渍水；第二，基料中如含有某些毒素，可随水滤掉；第三，便于对基料进行临时灭菌、杀虫、消毒操作；第四，滤水石具有大量空隙，成为基料上下气体交换的主要通道，从而解决了常规陶缸密封不透气的问题。滤水石宜选择莫氏硬度6级以上的光滑小卵石，最好是半透明、乳白色的“蛋白石”，滤水石的直径为1厘米。不宜使用页岩、砂岩等质地松软的石子，否则滤水层容易滋生藻类而堵塞通气孔道，石子本身也易崩解为细沙而淤塞滤水层。

铺垫滤水石之前，陶缸底部应做下列必要的处理：

①用浓度为5%的生石灰水溶液浸泡陶缸内壁，消毒2小时，然后用清水冲洗干净，将排水孔朝向光线最强的

方向。

②缸底铺垫 3～5 厘米厚的防腐剂，其配方为：市售病虫净（粉剂）50 克，苯甲酸 40 克，过氧化钙 80 克，细沙 5 千克，混合，拌匀。

③铺垫完毕，取熟石膏粉及少许珍珠岩粉，加清水拌成粥糊状，敷盖于防腐剂之上，同时振动缸体，使其分布均匀。经过上述处理，可使缸内滤水石 1 年内不滋生藻类、细菌、病毒、害虫，缸底不会滋生腐败菌类，不出现酸化趋势，还能在半年内不断由下而上向基料释放氧气。

④将挑选好的滤水石用清水洗净，投入浓度为 0.02％的高锰酸钾溶液中浸泡 3～5 分钟，捞出，轻轻铺放于缸底已凝固的防腐沙层之上，其高度以正好盖住缸壁排水孔为宜。

（3）安装换气筒：陶缸中央必须安装一个换气筒，以利基料通风透气。其顶端与缸口齐平，上、下口直径分别为 5 厘米和 12 厘米。换气筒可用竹篾编织成圆锥烟囱状的箅子，编织缝隙为 2～3 毫米。编好后投入沸水中煮 1～2 小时，使其软化、定型，然后捞起，浸泡于病虫净溶液中 12～24 小时即可。将药液浸泡过的换气筒，大头朝下竖立于陶缸中央，四周用粒径为 5 毫米的“米粒石”（建筑材料店有售）填埋、压住，高度为 3～5 厘米。“米粒石”表面罩上 8 目的尼龙纱网。经过上述改造的陶缸，其中的基料透气效果大为改善，含氧量显著增加，含水率始终保持正常值，从而为蚯蚓高产稳产创造了良好条件。

2. 箱、筐养殖法

可利用废弃的包装箱、柳条筐、竹筐等养殖，但不能用已装过农药、化学物质的箱、筐容器饲养，也不能用含有芳香性树脂和鞣酸的木料来加工养殖箱具，因这些材料对蚯蚓有害，也不能用含有铅的油漆或酚油等材料制造饲养箱，这些材料对蚯蚓有害。箱、筐的大小和形状，以易于搬动和便于管理为宜。一般箱、筐的面积以不超过 1 平方米为好。

养殖箱的规格常见的有以下几种：50 厘米×35 厘米×15 厘米；60 厘米×30 厘米×20 厘米；60 厘米×40 厘米×20 厘米；60 厘米×50 厘米×20 厘米；60 厘米×30 厘米×25 厘米；45 厘米×25 厘米×30 厘米；40 厘米×35 厘米×30 厘米等。在养殖箱底和侧面均应有排水、通气孔。为便于搬运，可在箱两侧安装拉手把柄。箱底和箱侧面的排水、通气孔孔径为 0.6～1.5 厘米；箱孔所占的面积一般以占箱壁面积的 20%～35%为好。箱孔除可通气排水外，还可控制箱内温度，不至于因箱内饲料发酵而升温过高。另外，部分蚓粪也会从箱孔慢慢漏落，便于蚓粪与蚯蚓的分离。箱内的饲料厚度要适当，可以根据不同季节和温湿度来调整，在冬季饲料的厚度可适当增厚，不过饲料装得过多，易使通气不良，饲料装得过少，又易失去水分、干燥，从而影响蚯蚓的生长和繁殖。为减少箱内饲料水分的蒸发，保持其一定的湿度，除可喷洒水外，还可在饲料表面覆盖塑料薄膜、废纸板或稻草、破麻袋等物。当然养殖箱也可用塑料箱代替，价廉而经久耐用，不易腐烂。

若要增加养殖规模，可将相同规格的饲养箱重叠起来，形成立体式养殖。这样可以减少场地面积，增加养殖数量和产量。如欲进行大规模集约化养殖，可以采用室内多层式饲育床养殖，以充分利用有限的空间和场地，增加饲育量和产量，而且又便于管理。长年养殖，多层式饲育床可用钢筋、角铁焊接或用竹、木搭架，也可用砖、水泥板等材料建筑垒砌，养殖箱则放在饲育床上，一般放 4～5 层为宜，过高则不便于操作管理，过低又不经济。在两排床架之间应留出通道（约 1.5 米），便于养殖人员通行、操作管理。在放置饲育床的室内应设置进气门，在屋顶应设置排气风洞，以利于气体交换，保持室内空气新鲜，有利于蚯蚓的生长繁殖。在冬季应考虑室内的温度，可采取加温和保温措施，如利用太阳能、附近工厂和热电厂等蒸汽余热或各种加温设施。在养殖蚯蚓的室内要安装照明设施，以供夜间照明，防止蚯蚓逃逸。除上述设施外，在室内还应备有温度表、湿度表（自记式或直观式）、喷雾器、竹夹、碘钨灯（或卤素灯）、网筛（孔直径为 4 毫米）、齿耙等用具。

箱养殖蚯蚓的密度，一般控制在单层每平方米 4000～9000 条，过密则影响蚯蚓取食、活动以及生长繁殖，过稀则经济效益不佳。为减少饲料层水分的蒸发，其上可覆盖塑料薄膜、麻袋、草席、苇帘等。在冬季气温降至－1℃时，应注意及时加温、保暖，使室内温度保持在 18℃以上，为防止蚯蚓冻死，养殖室内的温度要保持稳定，并且养殖室内每天应打开通气孔 2～3 次，使其保持空气流通和新鲜。夏季炎热，气温升高时，可经常用喷雾器喷洒冷水，以保湿降温，并且进气门孔应全部打开通风。

当蚯蚓逐渐长大后，应减少箱内蚯蚓的密度。用长 60 厘米、宽 40 厘米、高 20 厘米的养殖箱养殖，每个箱内投放蚯蚓（太平 2 号或北星 2 号）2000 条左右。在温度 20℃，湿度 75%～80%和饲料条件充足时，经过 5 个月的养殖，即可增至 18 000 条左右。在箱式或筐式立体养殖时，应注意箱间上下、左右的距离，以利于空气的流通。

这种立体式饲育床式养殖方法具有许多优点：充分利用空间，占地面积小，便于管理，节约劳动力，也较为经济，其生产效率较高。据有关实验测定，采用这种方法养殖，其 4 个月增殖率为平地养殖的 100 倍以上，并且从产蚓茧到成蚓所需时间大大缩短，饲料基本粪化的时间也大大缩短，饲育床内的水分可经常保持在 75%～80%，相对较稳定。饲育床的温度上升能够保持在 30℃以下。并且饲料的堆积状态在 2 个月后，堆积深度仅为 8 厘米，较均匀，管理和添加饲料以及处理粪土也十分方便。总之，采用立体箱式养殖方法具有较高的经济效益和诸多的优点，也是目前常采用的方法之一。

3. 半地下温室、人防工事或防空洞、山洞、窑洞养殖法

这种养殖方式的优点是可充分利用闲置的人防工程，不占用土地和其他设施，加之防空洞、山洞和窑洞内阴暗

潮湿，温度和湿度变化较小，而且还易于保温。但在这些设施内养殖蚯蚓必须配备照明设备。

半地下温室的建造，应选择背风、干燥的坡地，向地下挖 1.5～1.6 米深、10～20 米长、4.5 米宽的沟，中央预留 30～45 厘米宽的土埂不挖，留作人行通道，便于管理。温室的一侧高出地面 1 米，另一侧高出地面 30 厘米，形成一个斜面，其山墙可用砖砌或用泥土夯实，以便保暖，暴露的斜面，用双层薄膜覆盖，白天可采光吸热，晚上可用苇帘覆盖保温。冬季寒冷天气，可在半地下室加炉生火，补充热量升温，炉子加通烟管道，排除有害烟气。室温一般可达 10℃以上，饲养的床温在 12～18℃以上，在晴朗的天气，室内温度可达 22℃以上。饲养床底可先铺一层10～15 厘米厚的饲料，然后可再铺一层同厚的土壤，这样可一层一层交替铺垫，直至与地表相平为止。在床中央区域内可堆积马粪、锯末等发酵物，在温室两侧山墙处可开设通气孔。这种养殖方法可得到较好的效果。

当然地坑、地窖、温室和培养菌菇房、养殖蜗牛房等设施同样可以饲养蚯蚓，而且蚯蚓还可以与蜗牛一同饲养。在土表上养殖蜗牛，蜗牛的粪便和食物残渣还可以作为蚯蚓的上好饲料。蜗牛如褐云玛瑙螺排泄的粪便中含有丰富的有机物，可作为蚯蚓的好食料。据计算，褐云玛瑙螺的成螺平均螺重为 32.5 克，一天排出的粪便约 1.5 克，而螺重为 0.45 克的幼螺，一天排出的粪便约有 0.09 克，混合养殖后，不仅充分利用了蜗牛粪便中的有机物和投喂后的食物残渣，而且还可以免去每周清理扫除箱、池内蜗牛粪便的劳务。

据试验证明，蜗牛虽然能食取蚯蚓的尸体，但在饲料充足的情况下，潜入土壤中生活的蚯蚓是不会被蜗牛侵害的，也没有发现两者之间出现相互残杀的现象。在蚯蚓和蜗牛混养过程中，两者的生长繁殖都比较正常，而且比单一喂养的蜗牛或蚯蚓生长得更好。

蜗牛（褐云玛瑙螺）与蚯蚓混养的比例，以放入的蚯蚓基本上能清除、消化掉蜗牛的粪便和食物残渣并且两者生长都较正常为宜。混养时，两者的投放量可按重量计算，一般蜗牛与蚯蚓投放的比例为11∶1至15∶1。在开始饲养时，蚯蚓的投放数量可以少一些。因为在混养过程中，蚯蚓也同样会生长、繁殖。所以在饲养过程中，要看蜗牛与蚯蚓生长和繁殖的情况，随时调整比例。如果发现蚯蚓过多，可移出一部分蚯蚓和蚓粪，更换一些新土。

4. 池养

可利用阳台、屋角等闲置地方，建池养殖。

在室内用砖砌成5平方米大小的方格池，高25厘米左右，垫上10厘米以上的松土，或建成长2米、宽2.5米、深0.4～0.5米的池，或按行距0.5米左右一个挨一个地排列建造。

如果地下水位较高，可不挖池底，在地上用砖直接垒池。如果地势高而干燥，可向下挖40～50毫米深池，以保持池内的温度和湿度。

5. 棚式养殖法

棚式养殖，其结构与冬季栽种蔬菜、花卉的塑料大棚相似，棚内设置立体式养殖箱或养育床。

可采用长 30 米、宽 7.6 米、高 2.3 米的塑料大棚。棚中间留出 1.5 米宽的作业通道，通道两侧为养殖床。养殖床宽 2.1 米，床面为 5 厘米高的拱形，养殖床四周用单砖砌成围墙，高 40 厘米，床面两侧设有排水沟，每 2 米设有金属网沥水孔。棚架用 4 厘米钢管焊接而成。整个养殖棚有效面积为 126 平方米。最多可养殖 200 万～300 万条成蚓。

塑料棚养殖受自然界气候变化影响较大，因此必须做好环境控制工作，主要是在夏冬季节。蚯蚓的适宜温度为 17～28℃。当夏季气候炎热时，尤其在盛夏高温时，必须采取降温措施。温度太高对蚯蚓生长繁殖不利，可以采取遮光降温，将透明白色塑料薄膜改用蓝色塑料薄膜，在棚外加盖苇席、草帘等，还可在棚顶内加一隔热层，或采用放风降温等方法。当棚内温度超过 30℃时，可打开通气孔或将塑料薄膜沿边撩起 1 米高，以保持棚内良好通风，降低温度；也可喷洒冷水降温，使棚内空气湿润，地面潮湿；还可采取缩小养殖堆的方法，使养殖堆高度不超过 30 厘米，以利通风，并且在养殖堆上覆盖潮湿的草帘。采取以上措施可使棚内温度降低，一般棚温不超过 35℃，而床温又低于棚温，床温最高不超过 30℃，在一般情况下，可保持在 17～28℃。在冬季采取防风、升温、保温等措施，在入冬前，可将夏季遮阳光物全部拆下，把塑料膜改为透明膜，以增加棚内光照和加温，还可在棚外设防风屏障，加盖苇帘或草帘，使整个棚衔接处不漏风。另外在棚内增设内棚，以小拱棚将养殖堆罩严保温，增设炉灶，建烟筒或烟道加温，还可改变养殖堆，将养殖层加厚至40～45厘米，变为平槽堆放。采取这些措施可以大大提高棚内和养殖堆的温度。如当棚外温度降至－16～－14℃时，则棚内温度可保持－7～－4℃；而加设有炉的棚内温度可达9℃以上，床内温度可达8℃以上，整个冬季蚯蚓仍能继续采食生长。

总之，采用塑料棚养殖蚯蚓，虽受自然界气候变化的影响较大，但是只要做好环境控制工作，除冬季1～2个月和盛夏以外，全年床温均能保持适宜蚯蚓生长、繁殖的温度范围。

养殖棚的另一种规格为高2米、宽6米、长30米，棚中留过道，以便饲养管理。棚两侧用砖砌或泥土夯实做棚壁，以防止外部的噪声和振动，棚四周挖排水沟，以便雨季防止积水。在棚壁两侧设置通气孔。在养殖棚内可设置能拉进拉出的箱状设备。养殖槽内的温度和湿度，由换气孔和散水装置控制在所规定的范围内。可把酒糟、纸浆粕和含有大量动植物蛋白的鱼渣、谷类等和腐殖质混合，马粪、牛粪、麦秸或培养食用菌后的下脚料等铺设在养殖槽内的箱中。在这种条件下养殖，大约每3.3立方米的养殖槽内，可繁殖蚯蚓10万条以上。约20个月后，可由数万条蚯蚓繁殖到数百万条以上。

6. 农田养殖法

在南方地区，气候温暖，无霜期长，排灌方便，特别是在实行间作、套作等立体农业栽培或水旱轮作的农田中，均可大量养殖蚯蚓。这些农田土质肥沃，疏松湿润，遮阳条件良好，有利于蚯蚓栖息繁殖。可选用耐旱的种蚓如河北环毛蚓、杜拉蚓或当地耐旱品种，排灌条件好的农田可放养威廉环毛蚓。利用秸秆还田和牛马厩肥作为蚯蚓的饲料，每 667 平方米农田施用量为 10～15 吨。蚯蚓排泄的大量蚓粪，足以使农田保持土壤疏松、肥沃，作物增产。也可做好农田规划，在高秆作物旁开挖行间沟养殖蚯蚓，沟宽 35～40 厘米，深 15～20 厘米，其中填入发酵腐熟的粪草、有机垃圾，上面覆盖 10～15 厘米厚的沃土。

在养殖蚯蚓的农田中施用化肥、农药时，必须考虑蚯蚓的耐受力和安全性。特别是氨水，蚯蚓对其极为敏感。氨水分解后释放大量氨气，对蚯蚓为害严重。据试验，蚯蚓一旦接触浓度为 4％的氨水，几分钟乃至几十秒钟内便会中毒而死。

7. 桑园养殖法

选择地势平坦，排灌方便的桑园，在桑园的行间开挖沟槽，沟槽的宽、深可根据行间的距离来确定，一般沟宽 30 厘米，深 25 厘米。沟槽内投放腐殖好的基料，投放蚯蚓后，覆盖腐殖即可。注意投放蚯蚓的密度，随着蚯蚓的生长，密度大时还要在沟槽上面补喂饲料，以保证蚯蚓正常生长和繁殖。

槽内投放腐熟的蚯蚓饲料，如牛粪、马粪、猪粪、羊粪、秸秆、杂草、枯树叶、烂菜帮等。每 667 平方米用量为 5～7.5 吨，覆土厚 10～15 厘米。

种蚓投放量取决于品种：威廉环毛蚓 2 万～4 万条，总重 80～160 千克；背暗异唇蚓 5 万～8 万条，总重 50～90 千克。于 5～6 月份投放。

桑树每隔 5 行开设一条排灌沟，使土壤含水率保持在 30％～32％。在每 667 平方米桑园内投放种蚓 1.5 万条，9 个月后可采收成蚓 500 多千克，桑叶增产 200～300 千克。

8. 果园养殖法

果园内果树之间一般行距都比较大，而且环境也比较适合蚯蚓生长繁殖，因此，利用果园养殖蚯蚓，既可以使蚯蚓丰收，增加经济效益，蚓粪又可以补充果树对有机质肥的需要。在果树行间设置饲养床，宽 1.5～2 米，高 0.4 米，长度不限。饲养床的基料为发酵腐熟的牛粪、马粪与草料的混合物，上面覆盖稻草、麦秸保温、保湿。饲养床之间留有宽 30 厘米的走道，每隔 2 个饲养床开设一条排灌沟。饲料湿度保持 60％～70％，下雨天用塑料薄膜覆盖饲养床，防止雨水浸渍。蚯蚓成熟后随时采收，采大留小。冬季，北方地区可将种蚓转移入室内的温暖基料中越冬。养殖品种多选用赤子爱胜蚓。

9. 沟坑养殖法

选择房前屋后等空隙地的背风、遮阳、潮湿处，开挖沟槽或土坑。沟槽宽1米，深0.6～0.8米，长度不限。土坑深度0.5～0.6米，形状不拘，面积一般2～3平方米，也可为10～20平方米。沟槽或土坑底部应有防积水的设施（如敷设简易排水管）。先铺一层5～10厘米厚的发酵腐熟粪便，再铺一层同样厚的杂草或树叶、麦秸、豆秸秆等，上面铺一层10厘米厚的沃土。如此铺叠，直至将沟坑填满。表土上覆盖稻草、芦苇或麻袋等物保温、保湿，视天气状况适时喷淋水。要求土壤湿度保持在30%～32%，低于25%时，环毛蚓会发生逃逸。

此法适宜放养环毛属、异唇属、杜拉属等蚯蚓和赤子爱胜蚓。它们大都能吞食大量的土壤，滤食性好。每平方米投放5克重的环毛蚓2000～3000条，规格稍小的蚓种可达8000条。放养2个月后便可采收成蚓和蚓粪，以后每个月采收1次。

10. 堆肥养殖法

在温暖湿润的南方地区（北方地区限于4～10月），选择背风、遮阳、土壤湿润的场地，取经过发酵腐熟的粪便、草料与等量的沃土拌匀，堆积成宽1～1.5米、高0.5～0.6米、长3～10米的饲料堆；或将一层饲料、一层沃土交替堆叠，每层厚均为10厘米，形成高0.6米，宽1～1.5米，长度不限的饲料堆，投入种蚓，每平方米投放2000条以上。亦可利用此法诱集野生种蚓，每平方米一昼夜便可诱集蚯蚓数百条。据观测，采用此法在 6 月中旬经 10 天饲养，堆肥内的成蚓体重可增加 60%～100%。

11. 林下废地巧养蚯蚓

近年来，我国林业尤其是速生杨发展很快，但杨树成林 4～5 年后，树冠郁闭，林下土地用于种植难以形成产量，用于畜禽养殖则又嫌阳光太差，而且家畜粪尿容易“烧”死林木，但利用林下土地养殖蚯蚓却十分合适。这种种养模式，不仅利用了林下废地，而且树木生长与蚯蚓养殖两者之间存在很强的互补作用。树冠枝叶夏季可为蚓床遮阳控温，落叶还为蚓床遮光保湿，腐枝烂叶可成为蚯蚓食料。蚯蚓为树木提供大量氮、磷、钾元素和生物菌肥，蚯蚓排出的二氧化碳可使树木光合作用增强。管理蚓床时定期喷水又给树木提供了高效水肥，真是巧用废地增收多。

12. 垃圾饲养法

利用垃圾饲养蚯蚓，既可以处理生活垃圾，又可以收获蚯蚓和得到蚓粪，这种方法在日本、美国和我国台湾已被广泛应用，收效很大。

饲养蚯蚓的垃圾要经过处理，先将垃圾进行筛选，去除对蚯蚓生长繁殖有害的金属、塑料、玻璃、石头杂木等，把分离出来的有机物进行堆沤发酵，最后将发酵腐熟后的垃圾作为饲料，放入沟内、池内用来饲养蚯蚓。

13. 工业废渣养殖法

利用工业有机废弃物养殖蚯蚓，化害为利，是解决城市工业“三废”污染的有效途径之一，可以大大降低常规治理方案所需的昂贵费用，并为城市绿化提供了大量高效廉价的优质蚓粪。

（1）养殖品种：赤子爱胜蚓是处理工业活性污泥的较好品种。

（2）污泥处理：工业活性污泥的特点是颗粒极细，物理性状类似重黏土，通透性能极差。大量厌氧微生物在其中繁殖旺盛，并分解污泥而产生硫醇、硫化氢、甲烷及氨等有毒物质及恶臭气味，蚯蚓难以耐受。有些污泥还含有重金属、酚类、氰及病原体，甚至含有化学凝聚剂如三氯化铁、消石灰等对蚯蚓不良的物质。据观测，工业污泥若不加任何处理就直接用作基料，蚯蚓将会逃逸或体态肿胀，甚至呈念珠状中毒反应；若污泥仅经过预处理，但没有发酵，则部分蚯蚓虽能定居栖息，但生长迟缓，产茧极少或不产茧。因此，污泥作为基料，必须加以预处理和充分发酵。对工业污泥进行预处理必须采用特殊的工艺，不同于用农业有机废物养殖蚯蚓。

①调节 pH：利用工厂排放的废硫酸或氢氧化钙溶液，均匀拌入工业污泥中，使其 pH 调节到 6～7。

②添加疏松剂：在污泥中加入 5%～10%的锯木屑或稻谷壳，拌匀，以增加污泥的疏松程度，促进好气性微生物的活动和繁殖。

③调整碳氮比：工业污泥的碳氮比，往往不适合蚯蚓的生理需要。应根据其实测的有机成分（碳、氮含量），适当补充碳素或氮素，使碳氮比达到15～40。加水翻拌均匀，使其含水率为70％。

④堆沤发酵：将经过上述预处理的工业污泥堆积为高1米、长和宽不限的料堆，覆盖塑料薄膜，保湿、保温，自然发酵。待料堆内部温度上升至50～60℃，然后下降时，进行翻堆处理。必要时淋水增湿，再次堆积发酵。如此反复操作多次，直至料温不再升高，即可认定发酵过程结束。检查料堆各部分，要求质地疏松，湿润透气，无恶臭气味，含水率为70％。如此发酵合格的污泥，即可用于养殖蚯蚓。

（3）饲料配方：利用蚯蚓处理（净化）工业污泥的效率高低，与饲料（污泥为主）配合是否合理密切相关。

①活性污泥（单一饲料，仅用2％废硫酸处理过）。

②活性污泥加锯木屑。

③活性污泥加麦麸。

④活性污泥加青草。

⑤活性污泥加黏土。

经过饲养试验，证明方案①、方案④效果最佳，蚯蚓增重明显，产茧量大。

第4章 基料与饲料的配制

蚯蚓的养殖成功与失败，饲养基制作起着决定性作用。饲养基是蚯蚓养殖的物质基础和技术关键，蚯蚓繁殖的快慢，很大程度上决定于饲养基的质量。饲养基有“基料”和“添加料”之分，基料是蚯蚓生活的基础之料，它是蚯蚓的栖身之所，又是蚯蚓的取食之地，而蚯蚓的添加料实际上是对基料中营养物质的补充，通过添加一些饲料，使蚯蚓繁殖更多、生长更快、产量更高、寿命更长。

一、基料的配制

由于蚯蚓的基料具有食、宿双重功能，不同于投喂一般畜禽的投养料，故在饲料的选择搭配加工调制以及投放饲喂等方面，均有一定的特殊性，应予以充分注意。

最简单的天然基料就是沃土，无须加工调制，就可以直接用来饲养蚯蚓。蚯蚓容易适应，成活率高，但蚯蚓生长缓慢，繁殖率低，倘若不更换沃土，又不添加饵料，不用3个月土中的营养消耗殆尽，蚯蚓就会饿死或逃逸。

由基料构成的饲养床，既是蚯蚓栖息活动的唯一场所，又是蚯蚓摄食营养物质的重要来源。蚯蚓终身生活于饲养床中，其粪便、代谢产物如二氧化碳及分泌物均排泄、积累于基料中，如不及时更新基料，清理粪便，饲养床就会污染严重，通透性差，氧气及营养匮乏，导致蚯蚓发育迟缓，繁殖力下降，生长停滞，以至衰竭而死。

基料的质量和性能直接关系到蚯蚓的生存，因此，基料要求发酵腐熟，适口性好，具有细、烂、软，无酸臭、氨气等刺激性异味，营养丰富，易消化等特点。合格的饲养基料除符合松散不板结，干湿度适中，无白蘑菌丝等要求外还要具有以下几方面的特性。

（1）密度小，含水量高：一般基料的密度应在0.18～0.25之间，仅为黏土密度的10%左右。由于基料的密度低，其含水量则比较高，加湿后其比重可在0.4～0.5。松散的基料，使基料中的含氧量较高，透气性较好，更适合蚯蚓对环境的要求。使其在基料中自由伸缩和运动，这是提高单位面积产量的基本要求。

（2）压力小，压强低：基料的密度小，自重的向下压力就轻，其压力就小，同时压强就低，这样蚯蚓在基料中上下活动时，就会比较轻松自如。既缩短了蚯蚓的运动周期，又减少了蚯蚓的体力消耗和基础代谢能下降。

（3）保水性能好：一般黏质土的含水率为 30%左右，达到饱和状态后，再增加水分就会出现积水现象，而且风干较快，透气性较差。加工好的基料要求含水率达到 100%后也不会出现积水现象，而且蚯蚓完全还可以正常生活。

（一）基料的选择

蚯蚓所需基料的原料比较广泛，大体上可分为粪肥类和植物类。

1. 粪肥类

主要有厩肥和垃圾，如牛、马、猪、羊、鸡、鸭、鹅、鸽等畜禽粪便和城镇垃圾以及工厂排出的废纸浆末、糟渣末、蔗渣等。这些物质的蛋白质等营养成分较高，生物活性也比较强，一方面可以满足蚯蚓生长繁殖所需要的营养成分；另一方面也容易促进真菌的大量繁殖和有机物的酶解，对蚯蚓的新陈代谢也有一定的帮助作用。但由于其原料对象不同，其营养成分和作用也不尽相同，因此，在实际操作中应区别对待。

（1）大型牲畜动物，如牛、马、驴、骡等食草类动物的粪便，一般纤维质较多，比较松散，透气性好，而且肥而不腐，是较好的基料原料，但蛋白质偏低，应和蛋白质含量较高的原料混合使用，其效果比较好。

（2）中型畜禽动物，如猪、狗、鹅等杂食类动物的粪便，其蛋白质的含量比食草性大型牲畜要高而且脂性物质也比较高，但纤维质物质含量较少，这样的粪便虽然柔软，而不松散，密度比较大，虽肥但腐臭，不宜被蚯蚓直接利用，应和其他松散、含纤维较高的物质混合后使用。

（3）小型动物，如鸡、鸭、鸽等食精饲料动物的粪便，由于这些动物食用的都是全价精饲料，再加上这些动物没有咀嚼器官，消化道又比较短，其饲料的消化转化率比较低，因此，在其粪便中含有较高的蛋白质、脂肪、矿物质、微量元素、维生素等，这些几乎完全可以被蚯蚓摄取，是蚯蚓的直接优质饲料。这类原料一般在使用前进行发酵处理。

（4）工厂下脚料，如纸浆浓度溶液、各类酒糟及其糟液、酱菜废液、动物肠肚废物、食用菌生产废料等。这些下脚料大多含有胃蛋白酶、胰酶、乳糖等多种分解酶和嗜酸乳杆菌、粪链球菌、酵母菌等生菌剂。这些物质对基料中营养物质的酶解、抗生素的繁衍有着积极的作用，因此是蚯蚓较好的基料。

粪肥收集后，宜采用湿粪贮藏方式，即把湿粪堆成一个大堆，拍压紧实，覆盖塑料薄膜防雨，四周开挖排水沟。亦可选择地势高燥处挖坑贮藏。如粪量多而场地小，可随收随晒，以干粪贮藏，尽量暴晒干透，防止被雨水淋湿。

2. 草料

主要有阔叶树树皮及树叶、草本植物、禾本植物等。在生产实践中，有一些杂物混入，不可能分别去化验鉴定，这样就必须凭借嗅觉等感观加以辨别。我们通常收割的大豆、豌豆、花生、油菜、高粱、玉米、小麦、水稻等农作物的茎叶，山林地的树皮、树叶，水塘中的水植物等都可以用作基料的原料。

凡含有强刺激性物质的植物不宜用作蚯蚓饲料，如松、柏、杉、樟、枫、楝、樟树等，其树皮、叶子中往往含有松节油或生物碱、龙脑、桂皮酸、香精油、岩藻糖、萘酚、苦木素等蚯蚓厌恶的化学成分；草本植物、禾本科植物中的曼陀罗、毛茛、烟叶、艾蒿、苍耳、猫儿草、水菖蒲、颠茄和一枝蒿等，因含有蓼酸或糖苷、甲氧基蒽醌、大蒜素、白屈菜素、血根碱、龙葵碱、莨菪碱、鱼藤酮、氨茶碱、毒毛苷、藜芦碱、乌头碱、凝血蛋白、钩吻碱和烟碱等毒性物质或生物碱，均不可采用。

（二）基料的处理

1. 基料的保管

基料的保管、存放过程实际上是基料处理的一个生产环节。如果存放时间较长则应对进场的基料有严格的技术质量检测标准。

干植物类的基料中含水分不超过12%，沙土等混合杂物不超过1%；粪肥类和下脚料类湿度不超过25%，沙、土等混合杂物不超过5%；垃圾中的无机类混合物、人工合成有机类物和不能加工的植物等不允许存放于基料中。

存放前或来不及存放的要及时撒上生石灰以及灭蝇药之后用塑料薄膜盖严。堆放时要经过加工处理，防止二次污染以及腐臭气味的发生。

2. 基料的加工

无论是基础饲料，还是添加饲料，在堆制发酵前，必须首先进行加工。如植物类的杂草树叶、稻草、麦秸、玉米秸、高粱秸等一般要铡切、粉碎成1厘米左右长短；蔬菜瓜果、禽畜下脚料等要切剁成小块，以利于发酵腐败；生活垃圾等有机物质，必须进行筛选，剔除碎砖瓦砾、橡胶塑料、金属、玻璃等无机废物和对蚯蚓有毒、有害的物质，然后进行粉碎。垃圾类植物要经过碱水浸泡消毒。

（1）大型牲畜料的加工：主要是大型食草类牲畜的粪便。加工过程实际上就是晾晒，通过晾晒使粪便的含水量降到20%以下，然后再过筛，将未通过的杂草晒干后归入干料加工。

（2）中型畜禽料的加工：主要是杂食类动物粪便，其加工除进行晾晒和过筛外，还应撒入1%的生石灰粉末，进行消毒处理。

（3）小型禽类料的加工：这类粪便易生蛆，而且易腐臭，因此，应及时在烈日下晒干或进行人工烘干。如果不能及时干燥处理，可以加入适量的干锯末后待加工。

（4）秸秆的加工

①原料：将阴干或晒干的不含有毒作物秸秆及粮棉加工副产品均可粉碎作原料。

②粉碎：用锤式粉碎机将秸秆粉碎草粉。禾本科植物应与豆科植物分开粉碎，以便下一步配置。

③发酵：将粉碎的禾本科草粉和豆科草粉按 3∶1 混匀。用 30～40℃温水拌草粉，湿度以用手捏能成团，松手能散开为宜，堆放在背风屋角，堆成 40 厘米厚的方形堆，上面盖麻袋。当堆内温度达到 40～50℃，至发酵料能闻到酒曲香味时，发酵即成。发酵好的草粉应在 3 个月内喂完，以免变质。

3. 基料的贮存

植物干料的长期贮存应首先在库内地面上撒一层生石灰粉末，料的底部要有通风设施，防止发生细菌和病菌等有害微生物。

（1）大型牲畜料的贮存：这类基料一般比较松散，透气性也较好，因此比较容易保存，但易生霉虫等甲壳类昆虫，这就需要进一步处理，除打扫干净以外，还可以使用长效病虫净粉剂。如果处理不当，发生虫类危害时，可以用硫磺或高锰酸钾加甲醛熏蒸，将虫害杀死。

（2）中型畜禽料的贮存：此类粪肥有一定的臭味，因此最好用半地下水泥地贮存。基料入池前也可加一些杀虫药剂，然后再用塑料薄膜封闭即可。

（3）小型禽类料的贮存：此类粪肥臭味较浓，一般需要干燥后贮存，贮存时还应加入干燥锯末50%，草木灰40%，病虫净2%，生石灰3%，谷壳3%以及除臭剂2%（配方：活性炭43%，苯酚2%，苯甲酸钠2%，碳酸氢钠20%，硫酸铝10%，氢氧化铜1%，十二烷基硫酸钠2%，芳香剂2%）混合均匀后入库封闭贮存。

（4）糊状以及液态料的贮存：含水分少一点的糊状料可以按照小型禽类料加工处理后贮存；含水分较多的液态下脚料，可以直接进入发酵池内组合到基料中，也可以加入少许纯碱沉淀后留取浓液混入苯甲酸钠2%进行贮存。

（三）基料的配制

在制备、选择饲料时还必须注意饲料所含营养的比例，以达到营养成分的相互平衡，包括蛋白质、维生素以及无机盐等营养素，使蚯蚓能快速生长和繁殖。一般取粪料（人或猪、羊、兔、牛、马、鸡的粪便或食品厂下脚料）60%，各种蔬菜废弃物、瓜果皮和各种污泥（塘泥、下水道污泥等）、草料（杂草、麦、稻、高粱、玉米的秸秆）木屑、垃圾和各种树叶40%，经过堆沤发酵而配制的蚯蚓饲料，均可取得满意的效果。

虽然蚯蚓对饲料的要求比较粗放，但集约化、大规模养殖，饲料必须制备。蚯蚓饲料制备过程中最主要的一个环节是饲料有机物必须充分发酵腐熟，使之具有细、软、烂，营养丰富，易于消化，适口性好等特点。如果投放未经发酵腐熟的饲料来养殖蚯蚓，蚯蚓不但拒食，而且未经发酵的饲料会因时间的推移而发酵，而产生高温（60～80℃）和释放出大量有害的气体如氨气、甲烷等，会引起蚯蚓大量死亡。禽畜粪便，如鸡粪、兔粪等，由于含有大量的蛋白质和氮，情况尤为严重，更应充分发酵腐熟后再投放使用。

蚯蚓的味觉特别灵敏，往往表现出强烈的择食趋向，在配制饲料时应予以充分注意。蚯蚓生理要求的酸碱度平衡点是中性略偏碱。为了控制饲养床基料的酸化，蚯蚓常以体内石灰腺分泌的碱性钙化合物来中和趋酸成分。据观测，蚯蚓对于中性偏酸的基料无不良反应；对于偏碱性基料或过酸基料均有逃离、回避的表现；对于中性基料则有不停蠕动的表现。

为了探索蚯蚓对各种饲料的敏感性和嗜食性，有人做了一项试验，观察蚯蚓对于在原有基料中加入各种单一饲料后的不同反应，结果表明：

对猪粪反应平淡，粪团中基本没有蚯蚓钻入。

对鸡粪反应较好，粪团中有少量蚯蚓钻入。

对牛粪反应热烈，粪团中有较多蚯蚓钻入。

对糖渣反应热烈，渣团中有较多蚯蚓钻入。

对果皮反应较好，皮渣中有部分蚯蚓钻入。

对潲水反应一般，残羹中有少量蚯蚓钻入。

对食用油渣反应一般，渣团中有少量蚯蚓钻入。

对屠宰场排放物反应较好，其中有部分蚯蚓钻入。

对鱼杂废物反应较好，其中有部分蚯蚓钻入。

对食用菌渣反应较好，其中有部分蚯蚓钻入。

对酒糟反应强烈，糟团中集聚大量蚯蚓。

按照上述测试结果，在同样条件下，蚯蚓对于各种饲料的偏爱程度，由强到弱的顺序依次为：酒糟、糖渣、牛粪、果皮、鸡粪、屠宰场排放物、鱼杂废物、食用菌渣、食用油渣、潲水、猪粪。

上述测试大致表明了蚯蚓从味觉、气味性方面的适口性择食趋向。蚯蚓种类不同，择食性也有一定的差异。掌握蚯蚓的上述性状和需求，就可以合理配制和科学饲喂饲料，以收到预期的饲养效果。

基料的配方

基料的配方比较多，可根据养殖不同的蚯蚓种类以及原料不同具体选择不同配方。

①茎叶类 25%，大型牲畜料 30%，中型畜禽料 20%，小型禽类料 20%，植物性糊液 4%，动物性糊液 1%。

②茎叶类 35%，大型牲畜料 28%，中型畜禽料 30%，动物性糊液 7%。

③茎叶类 45%，大型牲畜料 20%，小型禽类料 30%，植物性糊液 5%。

④茎叶类 30%，中型畜禽料 30%，小型禽类料 20%，酒糟 20%。

⑤大型牲畜料 30%，小型禽类料 38%，糖渣 30%，饼粕 2%。

⑥茎叶类 30%，大型牲畜料 35%，烂蔬菜水果 30%，动物性糊液 5%。

⑦大型牲畜料 50%，中型畜禽料 20%，废纸浆 30%。

⑧杂木锯末 40%，小型禽类料 50%，谷壳 10%，另加潲水适量。

⑨食用菌生产废料 50%，中型畜禽料 20%，动物脂性污泥 30%。

⑩甘蔗渣 40%，甜味瓜果皮 30%，粒状珍珠岩 10%，纸屑 20%。

以上基料、添加料配方，虽然组分复杂，成本较高，但结构合理，养分齐全，符合高投入、高产出的原则。据试验，与使用常规粪草饲料相比，养殖密度可提高 7 倍，每平方米日产成蚓量增长 4～9 倍。可供大规模生产的养殖场、专业户选用。

小批量养殖蚯蚓的农户，可因地制宜从下列简易配方中选用 1～2 则，调制成基料。

①牛粪、猪粪、鸡粪各 20%，稻草 40%。

②玉米秆或麦秸、花生藤、油菜秆混合物 40%，猪粪 60%。

③马粪 80%，树叶、烂草 20%。

④猪粪 60%，锯木屑 30%，稻草 10%。

⑤畜粪 30%，有机垃圾 70%。

⑥人粪 30%，畜禽粪 40%，甘蔗渣 30%。

⑦鸡粪 50%，森林灰棕土 50%。

⑧有机堆肥 50%，森林灰棕土 50%。

⑨鸡粪 50%，树皮堆肥 50%。

⑩鸡粪 35%，木屑 30%，稻谷壳 35%。

⑪鸡粪 35%，木屑 25%，稻谷壳、森林灰棕土各 20%。

⑫猪粪 30%，蘑菇渣 70%。

在有造纸厂污泥排放的地方，采用下列配方调制基料更为经济实惠。

①含水率 85%的造纸污泥 80%，干牛粪 20%。

②造纸污泥 40%，乳酸饮料厂活性污泥 40%，木屑 20%。

③造纸污泥 71%，纤维废品 8%，锯木屑与干牛粪的混合物 21%。

④造纸污泥 50%，牛瘤胃残渣 30%，木屑 20%。

采用上述配方调制基料时，可以就地取材利用水果皮屑、蔬菜烂叶、米糠、家禽饲料或牧草等调制成添加料，效果甚佳。

不论采用何种配方合成的基料，经过充分发酵腐熟后，要求达到“松、爽、肥、净”。“松”，即松散，不结成硬团，抓之成团，掷地即散。“爽”，即清爽，不粘连，不呈稀糊状，无腐臭味，一倾即下，一耙即平，pH 为 6～7。“肥”，即养分肥沃，含粗蛋白质 10%以上，粗脂肪 2%以上，还含有多种矿物质、维生素。“净”，即干净，无病毒、病菌、瘿蚊、霉虫等病原体及生料、杂物。

（四）基料的制作

无论是基料还是添加料，堆沤发酵前必须进行加工处理，以提高发酵质量。植物类饲料如杂草、树叶、稻草、麦秸、玉米秆、高粱秆等，须铡切成 1 厘米长的小段；蔬菜、瓜果、屠宰场下脚料等，要剁成小块，以利蚯蚓采食。生活垃圾等有机物，须剔除砖石、碎瓦、橡胶、塑料、金属、玻璃等废物以及对蚯蚓有毒害作用的物质，然后加以粉碎，以能通过 4 目筛为宜，其中能通过 18 目筛的粉料不超过 20%，以保证基料的通透性。

1. 发酵原理

对经上述初步加工处理的蚯蚓饲料，必须进行堆沤发酵直至充分腐熟，这是正确调制蚯蚓饲料的关键环节。如果将未经发酵处理的饲料直接投喂蚯蚓，特别是含氮多的鸡粪、兔粪等饲料，蚯蚓会因厌恶其中的氨气等有害气体而拒食；继而因饲料自然发酵产生高温（可达 60～80℃）并排出大量甲烷、氨气等，导致蚯蚓纷纷逃逸甚至大量死亡。饲料必须经过充分发酵的原理如下。

（1）改善饲料物理性能：作物秸秆、树枝残叶、杂草等植物类饲料，大都是坚韧、粗糙、物理性能不良的物质，难以被蚯蚓吞吃和消化吸收。经过堆沤发酵之后，其中的纤维被分解，材料变得湿润、柔软，物理性能良好，适口性大为改善，形成具有“松、爽、肥、净”特点的饲养床，从而为蚯蚓提供舒适的栖息和采食场所。

（2）降低碳素率：以植物类为主的饲料，碳素率（指饲料中所含碳元素与氮元素量的比率，即碳氮比 C/N，是评价蚯蚓所需营养物质的重要指标）往往偏高，含氮量不足，会导致蚯蚓生长发育不良，繁殖率、蚓茧率下降。饲料经过堆沤发酵后，有机物中的碳素一部分被微生物同化，一部分挥发逸散，从而降低了碳素率。发酵滋生的大量微生物和经过软化的纤维素，成了蚯蚓的上乘食物。

(3) 促进消化吸收：各种饲料经过发酵处理后，可溶性养分增多，包括真菌、放线菌、细菌的微生物种类和总量大大增加，从而为蚯蚓的采食、消化吸收创造了良好条件。

(4) 减少有害物质：有机物分解时产生的高温以及甲烷、氨、氢气等有害蚯蚓机体的不良成分，在发酵翻堆操作过程中基本上被消除。经过充分发酵的基料，成为最适宜蚯蚓栖息的饲养床。

(5) 消灭病菌、虫卵：植物类饲料、畜禽粪便中潜藏着大量病菌、寄生虫卵，经过堆沤发酵产生60～80℃的高温，几乎可以全部杀灭病菌、虫卵，有利于预防蚯蚓患病。

2. 发酵必需的条件

养殖蚯蚓的饲料发酵方法较多，一般多采取堆沤的方法。这种堆沤的方法简便易行，而且可大规模进行，但在饲料堆沤时必须具备以下条件。

(1) 场地：堆沤饲料进行发酵的场地，要求冬暖夏凉，可避强风寒潮，取水容易，运输方便。如果风速过大，料堆水分容易蒸发，难以保持适宜的湿度。高温季节，应避免烈日直射，以免料堆养分大量损失。

(2) 通气：在速成堆沤饲料时，必须要注意有良好的通气条件，因为分解饲料中的有机物质主要依靠好气性细菌分解发酵，有良好的通气环境，氧气供应充足，可促进好气性微生物的生长繁殖，这样就可以大大加快饲料的分解和腐败。为了有利于饲料堆沤的通气，一般常采用粪料占 60%，草料占 40%相互混合堆沤。在堆沤饲料时，通气情况往往与饲料堆沤时的堆积疏密以及饲料中所含水分多寡有关。一般在堆积饲料的周边空气流动好，分解发酵腐熟也较快，而在饲料堆中心部分，由于空气流动差，并且发酵中会产生更多的二氧化碳，而氧气极少，不利于好氧微生物的活动和繁殖，中心部分的饲料分解缓慢，往往不完全或不分解发酵，因此在堆沤饲料时最好翻堆 1～2 次，使空气流通，加速分解发酵。冬季堆沤饲料时，往往因气温较低，加之空气易于流通，饲料堆的温度不易上升，发酵不完全，不易腐熟，因此在堆沤饲料时应将饲料堆踏实，喷灌水，以减少空气流量，调节发酵速度。

(3) 水分：在堆沤饲料时，饲料堆应保持湿润，要有适当的水分，因为通常微生物活动和繁殖喜欢潮湿的环境。速成堆沤的饲料堆发酵最佳水分为 60%～80%，在配制时可以手握饲料，其水分可点滴流下，或以木棍插入饲料堆内，棍端湿润为宜。水分过多或水分过少均会影响饲料分解发酵的速度。饲料堆里水分含量达 80%～95%时，有利于厌氧性微生物生长和繁殖，而不利于真菌和放线菌的生长和繁殖。饲料堆的水分在 50%～75%，适宜于真菌和好气性纤维分解菌的活动和繁殖，水分含量较低时有利于分解木质素的真菌活动，饲料堆内的水分为 10%时，分解作用即停止，可见各种微生物细菌的活动和繁殖是需要大量水分的。当饲料堆沤发酵腐熟完成后，通常要补充水分，以防止饲料堆干燥而引起硝化作用。因为饲料堆干燥常生成氨而挥发掉，但是腐熟后的饲料堆补充水分也不能过多，以免饲料堆的氮素流失，影响饲料的营养价值。

(4) 营养：在堆沤发酵饲料时，要充分考虑到为分解发酵的微生物所需要的营养。通常在混合饲料中，一般碳素和磷钾等均有并已有足够含量，微生物最缺乏的为氮素，所以要在饲料堆中适当添加氮素，如硫酸铵、尿素和石灰氮等。一般添加量为0.3%，氮素要为水溶性的。如果在饲料堆中添加硫酸铁，则应另加等量的石灰，这样有利于微生物的生活环境，中和因有机物分解而产生的各种有机酸。添加氢氧化钙时则不需另外加石灰来中和。添加尿素，无须另外加别的物质，因为尿素产生的酸性极其微弱，几乎对酸度无影响。硝酸盐类不适宜作为氮源来添加，因为硝酸盐的还原作用往往会损失掉许多氮素，经济上不合算。

(5) 温度：在堆沤饲料时还应特别注意饲料堆内的温度。饲料堆内的温度过高或过低均对饲料堆的分解发酵不利。因为一般微生物生活的最适宜温度为15～37℃，而好气性细菌生活的最适宜温度为20～28℃，厌气性细菌生活最适宜温度为37℃左右。通常在堆沤饲料中耐热细菌生活最适宜的温度为50～65℃。因此在严寒的冬季堆沤饲料时就应考虑饲料堆的大小和形态；如果饲料堆太薄或太小，则难以保温，难以使饲料充分分解发酵和腐熟。

(6) 酸碱度（pH）：料堆的酸碱度也要适宜，过酸或过碱均不利于微生物活动，必然影响发酵效果。各种微生物对酸碱度的敏感性、耐受性不尽相同。纤维素分解菌、放线菌等偏爱微碱或碱性环境，pH 宜为 7～8，而真菌对酸碱度适应力极强，即使 pH 为 3～4，也能繁殖、生存。当细菌、放线菌因酸度大而失去活动能力时，真菌便“独担重任”，分解有机物。

3. 堆沤发酵的生化过程

饲料堆沤发酵是一个极其复杂的生物化学过程。各种微生物在特定环境条件下交错配合作用，将有机物逐渐分解而完成饲料发酵腐熟过程。这个过程通常分为如下三个阶段。

（1）前熟期：当饲料堆内温度达到 20～40℃时，有机物中的糖类、蛋白质、氨基酸等首先被细菌分解，细菌进而大量繁殖，料堆温度相应上升。当温度升至 60℃时，普通细菌难以耐受而失去活力，代之以耐热细菌继续进行分解作用。

（2）纤维素分解期：随着时间的推移，料堆温度升至 70℃以上时，耐热的好气性细菌、放线菌大量繁殖，活动加剧，将纤维素外部所包围的一层木质素壳解体、破坏；一旦纤维素暴露无遗，即被纤维素分解菌彻底分解，产生有机酸和能源。

（3）本质素分解期：当料堆温度由 80℃降至 60℃时，木质素被专门分解木质素的菌类分解、发酵，成为黑褐色的碎片。

4. 饲料堆沤的操作方法

饲料的沤制发酵通常采用堆积方式，既便于操作，又利于升温、保温和防雨。料堆的形状和大小，因地区、天气而异。干燥季节，堆成平顶稍呈龟背状即可。在多雨季节，宜堆成圆顶形。大规模养殖场，多采用长条形料堆，底部利用木条或竹竿搭成三角形通气管，以解决堆料底部空气闭塞问题。如天气干燥，料堆横截面为梯形；多雨季节，则采用半圆形横截面，以利雨水从料堆顶部顺畅排泄。

料堆的高度一般为 1.2～1.8 米，底部有通气管道的，可增至 1.9～2.7 米。如料堆过高，不便于翻动操作，还会因其自重偏大使其中孔隙率减少，形成缺氧的不良状态；如料堆太低，则热量容易散发，难以形成足够的高温，不能杀灭病菌、虫卵及杂草种子。无论料堆的形状如何，其重量均不得少于 400 千克。

料堆由草料、粪料组成，另加适量泥土。草料层厚 6～9 厘米，粪料层厚 3～6 厘米。每铺 1 层草料，上面铺 1 层粪料。如此交错铺放 3～5 层后，在顶部浇淋清水，直至料堆底部有水渗出。然后继续交替铺放草料、粪料 3～5 层，再浇水，直铺至预定高度。料堆顶部用塑料薄膜、苇帘、草帘、杂草、麦秸或稻草覆盖，以利保温，防止堆内水分蒸发和雨水灌入。

如果天气温暖，堆料后第二天，堆内温度会逐渐上升，表明已开始发酵。7 天后，料堆中的有机物加速分解、发酵，早、晚时分可见料堆顶部冒出“白烟”。料堆内部温度升至最高值之后，便逐渐降温。当料堆内部温度降至 50℃ 时，进行第一次翻堆操作。

翻堆的目的是改善料堆内部的通气状况，彻底排出缺氧条件下产生的有害气体，调节料堆水分，促进微生物生长、繁殖，让料堆各部分发酵均匀一致，最终获得全部充分腐熟的合格饲料。翻堆操作时，应把料堆下部的饲料翻到上部，四边的饲料翻到中间，把草料、粪料充分抖松、拌匀。

翻堆时，要酌情淋足水分，要求翻堆之后料堆四周有少量水流出；用手捏饲料，以指缝间能挤出 3～4 滴水为宜。如发现料堆养分不足，可用猪尿、牛尿代替清水浇淋。

第一次翻堆后 1～2 天，料堆温度急剧上升，可达 75℃ 以上。6～7 天之后，料温开始下降。这时可进行第二次翻堆，并将料堆宽度缩小 20％～30％。由于粪草经过初步发酵，部分腐熟，容易吸收水分，乍看去似乎湿度不够，此时切勿加水过多（只须加至用手紧捏饲料，指缝能挤出 2～3 滴水即可），否则容易造成饲料变黑、变黏、变臭，且料堆温度上不去。第二次翻堆前后，由于粪草养分已部分分解，要注意妥善覆盖，严防雨水侵入料堆，造成养分流失。

第二次翻堆之后，料温可维持在 70～75℃。5～6 天后，料温下降，需进行第三次翻堆，并将料堆宽度再缩小 20％。

这时粪草已进一步熟化，草质变软，粪料与草料已拌匀。翻难时，尽量把粪草抖开呈疏松状态。如果发现水分偏少（用手紧捏饲料，指缝未见水滴溢出），则适当浇淋清水，不再浇猪尿、牛尿，以免作基料时氨气太浓，不利于蚯蚓摄食。如果料堆水分偏多（用手紧捏饲料，指缝溢水4～5滴），应选择晴天翻难，尽量摊晾粪草，以减少水分。

第三次翻堆后4～5天，进行最后一次翻堆，不再浇水，把粪草进一步抖松、拌匀即可。

按照上述方法实施，正常情况下1个月便可完成粪草堆沤发酵过程，获得充分腐熟的蚯蚓饲料。

5. 质量鉴定

堆沤腐熟的粪草呈黑褐色或咖啡色，无异味，质地松软，不黏滞，即为发酵良好的合格饲料。必要时，可以采用下列方法做进一步的严格鉴定。

（1）酸碱度测定法（两种方法可任选一种进行测试）

①石蕊试纸测试法：称取待测的粪草样品5克，加入冷开水10毫升，搅匀，澄清。用pH范围为5.5～8的市售石蕊试纸，蘸上澄清液，观察比较，即可知其pH值。

②混合指示剂比色法：该剂的配制方法是称取溴甲酚绿、溴甲酚紫、溴甲酚红各0.25克，置于研钵中研成细末，放入小烧杯中，加入0.1%氢氧化钠15毫升，再加蒸馏水5毫升，搅匀，倒入定量瓶中，稀释至1000毫升，摇匀，贮于棕色小口瓶中。称取待测样品0.5克，捣碎，置于白瓷比色盘中，加入上述混合指示剂数滴，至样品全部湿润并流出少许液体为止。将比色盘反复倾斜，使样品与指示剂充分接触、混匀。静止1分钟，将比色盘稍微倾斜，

使指示液流向盘槽一边，与标准比色卡对照，即可准确测定样品的 pH。如没有比色卡，可根据指示液的颜色来判断其 pH。如呈黄色，pH 为 4；绿色，pH 为 4.3；黄绿色，pH 为 5；草绿色，pH5.5；灰棕色，pH 为 6；灰蓝色，pH 为 6.5；蓝紫色，pH 为 7；紫色，pH 为 8。

不论采用哪种方法，如测定饲料样品的 pH 为 6～7，表明其酸碱度适宜，否则必须加以调节。当 pH 超过 7.5 时，可利用醋酸作为缓冲剂，添加量为饲料总重的 0.01%～1%，不得超过 1%，否则会影响蚯蚓的产蚓茧能力。当 pH 小于 6 时，可加入饲料总重 0.01%～0.5%的磷酸氢二铵，使饲料的 pH 调整为 6～7。

（2）生物鉴定法：经感官鉴定认为粪草发酵合格后，取少量粪草堆放于饲育盆中，投入成年蚯蚓 200 条。如半小时内全部蚯蚓进入正常栖息状态，48 小时内无逃逸、无骚动、无死亡，表明这批饲料堆沤合格，可以用于饲养蚯蚓。

6. 碳氮比调节

碳氮比是评价蚯蚓饲料营养质量的一项重要数据（如同衡量猪、鸡的饲料营养价值采用能量蛋白比一样），也是正确配制蚯蚓饲料不可忽视的一项指标。

要准确测定蚯蚓饲料的碳氮比，应以精密的分析手段，分别测出各种饲料的全碳和全氮含量，然后求出其比率。如果分析手段不完备，通常采用下列换算方法进行计算。即根据饲料所含的粗蛋白质、粗脂肪、糖类数量（这 3 项数据均可从《饲料营养成分表》中查得），分别查出已测定的全碳系数和全氮系数，按下列碳氮比的计算公式计算，求得比值。

$$C/N=(MC_M+HC_H+CC_c)/M\cdot N_N$$

式中：C/N代表碳氮含量之比，C代表碳含量，N代表氮含量，M代表粗蛋白质含量，H为粗脂肪含量，C_M为粗蛋白质全碳系数，C_H为粗脂肪全碳系数，C_c为碳水化合物全碳系数，N_N为粗蛋白质全氮系数。

上述全碳系数、全氮系数已经测定，均为已知数据：$C_M=0.525$，$C_H=0.75$，$C_c=0.44$，$N_N=0.16$。

现以稻草为例，计算其碳氮比。首先从《饲料营养成分表》中查得，稻草的粗蛋白质（M）、粗脂肪（H）、碳水化合物（C）的含量分别为 0.041%、0.013%、0.658%，将上述数据代入计算公式即得如下结果：

$$稻草的碳氮比=\frac{0.041\%\times0.525+0.013\%\times0.75+0.658\%\times0.44}{0.041\%\times0.016}$$

$$=48.9$$

蚯蚓常用饲料的碳氮比见表4-1。从表中可见，植物类饲料如稻草、麦秸、玉米秆、落叶、大豆茎等，含碳素较多，碳氮比高达32～89；而动物粪便含氮素较多，碳氮比为13～29。

大多数蚯蚓所需的适宜碳氮比为10～20，赤子爱胜蚓的适宜碳氮比为20～30。如饲料中的碳氮比过低，表明含氮过多，而蚯蚓体内沉积蛋白质的速度较慢，不适应高蛋白饲料，如长期喂给碳氮比过低的饲料，常导致蚯蚓患蛋白

表 4-1　常用饲料碳氮（C/N）比（近似值）

饲料种类	碳素占原料重量（%）	氮素占原料重量（%）	碳氮比 C/N	腐熟产热时间（天）
干麦秸	46.5	0.52	88	93
干稻草	42	0.63	67.1	80
玉米秸	43.3	1.67	20	75
落叶	41	1.00	41	65
大豆叶	41	30	32	60
野草	14	1.65	27	72
花生茎叶	11	0.59	19	78
鲜羊粪	16	0.55	29	75
鲜牛粪	7.3	0.92	25	84
鲜马粪	10	0.24	24	90
猪粪	7.8	0.60	13	60
人粪	2.5	0.85	2.9	30
纺织屑	54.2	2.32	23.3	110
山芋藤	29.5	1.18	25	80

质中毒病，后果不利。反之，如饲料碳氮比偏高，表明含氮过少，长期饲喂，蚯蚓氮素营养不足，会导致生长发育不良，繁殖率下降。因此，高氮素或高碳素的饲料均不宜单一使用，应当将这两类饲料合理搭配，例如将稻草、麦秸与畜禽粪便按适当比例混合使用，使蚯蚓饲料的碳氮比接近 10～20。

饲料经过发酵腐熟之后，碳氮比通常会有所降低。比如，马粪的碳氮比原来为26，经过充分发酵之后，碳氮比可降至14。

7. 注意事项

在堆料发酵过程中，由于环境条件限制或操作不当等，可能出现下列不正常情况，应及时采取有效措施予以纠正。

①高温天气，料堆干燥，耐高温的放线菌繁殖过于旺盛，会造成粪草养分的无谓消耗。故翻堆时应适当浇水，保证粪草有足够的含水率。

②如料堆宽度不足，加上草料偏多，堆得过于松散，经过风吹日晒，粪草水分迅速蒸发，造成微生物繁殖率低，料堆升温缓慢。为此，应加大料堆宽度，将草料拍压紧实，加足水分，便可使发酵转为正常。

③粪料偏多，料堆拍压太紧，透气不良，导致厌氧发酵，升温缓慢，易形成不良气体，使部分粪草变黑、变黏、变臭。应在翻堆时，将料堆宽度适当缩小，把粪草抖松，增加透气性，便可恢复正常发酵。另一个有效措施是，翻堆成型时将老干木棍或毛竹插入料堆深处，然后轻轻拔出，使料堆内部形成若干通气洞，有助于消除厌氧发酵状态。

二、添加料的配制

蚯蚓的添加料实际上是对基料中营养物质的补充，通过添加一些饲料，达到蚯蚓繁殖更多、生长更快、产量更高、寿命更长的目的。

蚯蚓饲料的地区广泛性和种类普遍性，是其他任何动物所不可相比的。蚯蚓的杂食性举世公认，几乎可以认为蚯蚓不存在什么饲料问题。亿万年来，大自然以强大的优胜劣汰之势造就了蚯蚓随处为食、随遇而安的生活特性，使得它具有大量吞咽、过滤营养物质的高超本领。这一功能固然有助于蚯蚓维持身体必需的基础代谢，然而却难以在不良的自然环境中为迅速生长发育和连续繁衍后代提供可靠的保证，更何况蚯蚓的滤食性繁重劳作必然导致蚯蚓体内细胞分裂加速而过早衰老。试验表明，在缺乏专用饲料的状况下，蚯蚓的寿命仅为 1 年左右；而投喂配合饲料的同一种类蚯蚓，可存活 5～8 年，最高的可达 10～12 年。可见，精料选择、合理配制饲料和科学投喂，是实现蚯蚓高产、高效养殖的重要环节。

1. 蚯蚓的基础代谢需求

动物都有一个保持体内营养转化、代谢平衡的基本营养量，蚯蚓也不例外。实践证明，要保持 100 克鲜蚯蚓在 30 天内不减体重，需要 1000 克蛋白质含量为 3%的基料。

（1）对基料蛋白质含量的要求

鲜蚯蚓蛋白质的含量为 12%，如果要使蚯蚓在 30 天内保持 12%的蛋白质总量不变，则需要在 30 天内 1000 克基料中的蛋白质含量为 12 克，但是，从蚯蚓一次性换料的前提下测定分析基料中，蛋白质在蚯蚓体内自身的转化，蛋白质在能量方面的消耗以及基料本身酶解和后期下落，使得利用率降低等方面的损失要高于12克。这样单靠基料中的蛋白质含量就很难满足蚯蚓生长繁殖的需要，这就要求平时添加饲料来补充基料中蛋白质的不足部分。

（2）提高基料的生态效应

由于基料中的营养成分不断地被蚯蚓利用，其基料的比重不断增大，透气性也不断降低，这样基料的生态环境产生负效应，而不利于蚯蚓的生长和繁殖，因此在减少蚯蚓对基料直接利用的同时，也需要及时添加饲料。

2. 满足基础代谢能的直接途径

（1）更换基料：更换基料以补充基料中蛋白质的消耗。虽然这种办法比较麻烦，而且劳动强度也比较大，但在没有补充饲料的前提下，也只能采取此下策。

（2）投喂饲料：满足蚯蚓对基础代谢能的需要，除了可以直接从基料中获取外，还可以投喂饲料，使蚯蚓获得基础代谢能。通过投喂饲料，可以使基料从投入幼蚯蚓，直至采收成蚯蚓连续使用不更换。

3. 饲料的配制要求

（1）幼蚯蚓、种蚯蚓饲料的配制要求：幼蚯蚓的消化系统还比较脆弱，其砂囊筋肉质厚壁还没有完全形成，不具有磨碎食物的能力。种蚯蚓由于担负着繁殖的重任，其采食量也会增加，因此其饲料和幼蚯蚓基本相同，总体要求是：饲料要细腻，一般在30～40目；经过严格发酵后绵软，无硬颗粒；可塑性较强，而不粘连；不腐不臭，无其他异味。

（2）中蚯蚓、成蚯蚓饲料的配制要求：中、成蚯蚓的饲料配制相对幼、种蚯蚓的饲料配制要粗放一些，一般来讲，只要食而不剩，余而不腐即可。总体要求是：细度可掌握在 20～30 目，不腐不臭，无较大颗粒即可。

4. 饲料配制中的原料选择

由于基料中存在蚯蚓生长繁殖所需的营养物质，但是随着饲养时间的增长，基料中的营养物质已不能适应蚯蚓生长繁殖所需的营养，尤其在成蚓的后期育肥阶段，补充饲料就显得更加重要。补充的饲料主要分为以下几大类：

（1）植物性原料：谷物类的能量饲料如大米、小麦、高粱、玉米、黍子等，其营养特点是：高能量、低蛋白质。一般干物质中粗蛋白质含量低于 20%，粗纤维低于 18%，无氧浸出物高于 60%，而且维生素、矿物质的含量也较低。作为全价营养饲料有明显的不足，可作为蚯蚓育肥期的重要饲料。

豆类饲料如大豆、红豆、绿豆等，其营养特点是：高蛋白质、高脂肪、高糖类。以大豆为例，其蛋白质可以达到 41.2%，脂肪达到 20%，糖类达到 28%，因此在配备蚯蚓全价营养饲料时，豆类饲料是比较理想的首选饲料。同时大豆还含有丰富的矿物质和维生素，经测定，大豆中钙的含量是小麦的 15 倍，磷的含量是小麦的 7 倍，铁的含量是小麦的 10 倍，维生素 B 的含量是小麦的 110 倍，其中维生素 B_2 的含量是小麦的 9 倍。

饼粕类饲料如豆饼、豆粕、花生饼、芝麻饼、棉籽饼、菜籽饼等，其营养特点是：高蛋白质、低脂肪。如豆饼的蛋白质含量42%，而脂肪含量只有4%；花生饼的蛋白质含量39%，而脂肪含量只有9%；棉籽饼的蛋白质含量28%，而脂肪含量只有4%；菜籽饼的蛋白质含量31%，而脂肪含量只有8%。因此，饼粕类饲料是幼、种蚯蚓的最佳饲料。

表4-2　蚯蚓常用饲料营养成分表（%）

饲料种类	水分	粗蛋白质	粗脂肪	粗纤维	无氮浸出物	粗灰分	钙	磷
猪粪（干）	8.0	8.8	8.6	28.6	—	43.8	—	—
马粪（干）	10.9	3.5	2.3	26.5	43.3	13.5	—	—
牛粪（干）	13.9	8.2	1.0	57.1	13.8	6.0	—	—
羊粪（干）	59.5	2.1	2.0	12.6	19.3	4.5	—	—
乳牛粪（干）	5.9	11.9	4.7	18.4	32.9	26.2	—	—
蚕粪（干）	7.0	15.0	5.0	11.8	48.4	11.8	0.19	0.93
糟渣（鲜）	64.6	10.0	10.4	3.8	6.6	4.6	—	—
麻酱渣（干）	9.8	39.2	5.4	9.8	17.0	18.8	—	—
磨油下脚(鲜)	57.17	15.9	2.5	4.3	7.2	3.7	0.55	0.52
豆腐渣（干）	8.5	25.6	13.7	16.3	32.0	3.05	0.52	0.33
草炭（干）	9.4	18.0	1.6	9.4	43.3	18.3	—	—
木屑（干）	11.9	1.0	1.5	49.7	30.9	5.0	0.09	0.02
稻壳（干）	6.6	2.7	0.4	39.0	27.0	23.8	—	—

续表

饲料种类	水分	粗蛋白质	粗脂肪	粗纤维	无氮浸出物	粗灰分	钙	磷
稻草（干）	18.1	5.2	0.9	24.8	37.4	13.21	0.25	0.09
麦秸（干）	10.2	2.7	5.0	30.7	46.0	5.4	—	—
榆树叶（干）	4.8	28.0	2.3	11.6	43.3	10.0	—	—
家杨叶（干）	8.5	25.1	2.9	19.3	33.0	11.2	—	—
紫穗槐（鲜）	75.7	9.1	4.3	5.4	2.7	2.8	—	—
杨槐叶（干）	5.2	23.0	3.4	11.8	49.2	7.4	—	—
野草（干）	7.4	11.0	4.0	28.5	41.2	7.9	—	—
桑叶（干）	—	4.0	3.7	6.5	9.3	4.8	0.65	0.85
榆花	—	3.8	1.0	1.3	8.4	3.5	—	—
槐花	—	3.1	0.7	2.0	15.0	1.2	—	—
蒲公英	—	2.82	0.97	2.39	8.55	1.30	0.19	0.12
豆饼	—	42.2	4.2	5.7	4.56	5.5	0.029	0.33
棉籽饼	—	28.2	4.4	11.4	33.4	6.5	0.60	0.60
菜籽饼	—	31.2	8.0	9.8	18.1	10.5	0.27	1.08
紫花苜蓿	—	4.7	0.96	4.9	7.9	2.3	—	—
聚合草	—	7.9	0.6	1.8	4.9	2.2	0.16	0.12
苦菜	—	3.14	1.47	1.08	3.42	1.79	0.21	0.05
菜叶	—	4.2	0.4	6.7	8.9	4.0	0.79	0.09
根达菜	—	1.2	0.2	0.7	1.9	1.1	—	—

续表

饲料种类	水分	粗蛋白质	粗脂肪	粗纤维	无氮浸出物	粗灰分	钙	磷
水葫芦	—	1.6	0.2	0.9	2.9	0.5	0.04	0.02
水浮莲	—	1.3	0.2	0.5	2.8	0.4	0.03	0.01
水花生	—	1.3	0.13	1.0	2.9	0.5	—	—
胡萝卜叶	—	4.29	0.80	2.92	13.11	3.10	—	—
胡萝卜	—	1.74	0.09	1.08	3.35	0.62	0.01	0.04
萝卜缨	—	2.4	0.4	0.2	—	—	—	—
小白菜	—	1.1	0.11	0.4	1.6	0.8	0.09	0.03
青贮白菜	—	2.0	0.2	2.3	3.5	2.9	0.3	0.03
青贮甜菜	—	1.32	0.45	3.22	5.11	7.42	—	—
青贮圆白菜	—	1.1	0.3	0.8	3.4	10.60	—	—
饲用甜菜	—	1.0	0.1	0.6	1.6	1.0	—	—

（2）动物性原料：动物性原料如宰杀场废水、淤泥、肠膜、肉皮洗涮水、鱼肠、虾糠、饭店潲水等，其营养特点是：可增强动物性蛋白质的亲和性和适口性。动物性原料的蛋白质含量也比较高，如血粉的蛋白质含量为84%，而脂肪含量只有0.6%；骨肉粉的蛋白质含量为30%。因此动物性原料运用得当，会收到明显的效果。

（3）矿物质原料和维生素原料：矿物质和维生素是蚯蚓体内组织和细胞中不可缺少的重要成分，在蚯蚓的代谢以及生长繁殖中都起重要作用，因此在饲料配制时要注意添加微量元素和维生素。

5. 添加料的配制

蚯蚓的食性广泛，凡是天然有机物，只要无毒性，酸碱度适宜（pH 为 6～7），含盐量不高，并且能在微生物作用下分解的，均可作为饲料。从来源上讲，可以分为动物性饲料和植物性饲料两大类。按照营养成分则分为碳素饲料和氮素饲料两大类，前者是指植物的茎、叶、根、皮壳、木屑等，后者是蛋白质含量高的动物残体、畜禽粪便、豆科植物和粮油加工下脚料等。

（1）幼蚓及种蚓阶段

配方 1：豆饼 5%，豆腐渣 40%，棉籽饼 10%，大豆粉 5%，次面粉 10%，麦麸 20%，肉骨粉 10%。另按混合料总量添加复合氨基酸 0.2%，复合矿物质 0.08%，复合维生素 0.4%。

配方 2：发酵鸡粪 30%，残羹沉渣 25%，菜籽饼 18%，豆渣 17%，次面粉 8%，鱼粉 2%。另按混合料总量添加糖渣 15%，米酒曲 0.4%，复合维生素 0.3%，复合矿物质、复合氨基酸各 0.1%。

以上两个配方所含粗蛋白质均达 16.2%，制作时，先将原料粉碎至细度 16 目，混匀，加入米酒曲粉末，加水拌至含水率达 40%～50%，以手捏能成团、掷地即散为宜。将混合物置于 20～26℃温度下发酵 24～36 小时，直到有酒香气逸出为止。最后将 3 种复合添加剂以水拌成稀糊状，与主体混合料拌匀即成。

(2) 中蚓（1～2月龄）阶段

配方1：发酵鸡粪40%，红薯粉20%，棉籽饼、菜籽饼、米糠各10%，酒糟8%，鱼骨粉2%。另按混合料总量添加糖渣（或蔗糖）15%，复合氨基酸0.15%，复合矿物质0.05%，复合维生素0.2%。

配方2：酒糟30%，废肠黏膜、米糠各20%，潲水沉渣15%，玉米粉5%，芝麻饼10%。另按混合料总量添加米酒曲0.4%，复合氨基酸、复合维生素各0.2%，复合矿物质0.08%。

中蚓添加料的制作方法与幼蚓大致相同。

(3) 成蚓阶段

配方1：发酵鸡粪50%，酒糟27%，米糠10%，菜籽饼、大豆粉各5%，鱼粉3%。另按混合料总量添加米酒曲0.3%，复合氨基酸0.15%，复合矿物质0.18%，复合维生素0.2%。

配方2：酒糟50%，棉籽饼、次面粉、玉米粉各10%，蚕豆粉、潲水沉渣、肉骨粉各5%，蚕蛹粉3%，鱼粉2%。另按混合料总量添加米酒曲0.25%，复合矿物质、复合维生素各0.1%。

配方3：发酵鸽粪50%，糖渣30%，果皮、棉籽饼各10%。另按混合料总量添加复合氨基酸0.15%，复合矿物质0.18%，复合维生素0.1%。

配方4：废鱼下脚料20%，豆腐渣60%，米糠8%，次面粉10%，残羹沉渣2%。另按混合料总量添加复合氨基酸、复合矿物质各0.18%，复合维生素0.08%。

配方5：潲水沉渣60%，豆腐渣20%，草籽饼10%，次面粉4%，鱼粉5%，蔗糖1%。另按混合料总量添加复合氨基酸0.2%，复合矿物质0.18%，复合维生素0.08%。

配方6：潲水沉渣60%，发酵鸡粪30%，豆饼10%。另按混合料总量添加复合氨基酸、复合维生素各0.2%，复合矿物质0.18%。

成蚓添加料，除配方1、配方2与幼蚓添加料的制法相同外，其余4则配方均可现配现用，最好先加适量清水，静置48小时，经搅拌充分释放气泡之后使用。

6. 注意事项

①配合饲料所含的营养成分及数量，必须充分满足蚯蚓在不同生长发育阶段的营养需求。

②配合饲料的碳氮比，必须满足不同种类蚯蚓的需求。通常要求把碳氮比调节为10～20。为此，可利用畜禽粪与植物类饲料合理配合，如有条件，畜禽粪可占60%～80%，其余为禾草类、糠麸类或糟粕类饲料，便可基本满足蚯蚓对碳氮比的要求。如饲养本地野生环毛蚓，则宜另加10%～20%的肥沃土壤，其中富含有机质。

③配合饲料的种类不必太多，通常由2～3种饲料组成即可。

④尽量因地制宜选用来源广泛、价格低廉的大宗饲料。

⑤下列原料不可采用：发霉变质的，有毒的，有刺的；被农药严重污染的，因消毒环境而严重污染的；经酸化或絮化处理的，碱性过强的。如发现某些饲料出现陈腐迹象，

可采用以下方法予以挽救：在该饲料中均匀喷洒、拌入浓度为0.05％的市售801生物活性剂。据试验，应用此剂可以提高饲料综合效益20％。

第 5 章 繁殖和育种技术

蚯蚓的繁殖一般为有性繁殖和无性繁殖两种形式，但大多数品种的蚯蚓都是有性繁殖，并且雌雄同体进行异体交配受精，也有少数品种的蚯蚓进行体内自我受精，还有的蚯蚓品种不经过受精而繁殖，被称为孤雌繁殖。下面将重点介绍异体交配受精的有性繁殖的蚯蚓品种。

一、引入种源

种蚯蚓来源的途径比较多，但要实现蚯蚓的高产、高效养殖目的，首先应选择适合本地条件的优良种苗。

1. 蚓种选择

绝大多数的蚯蚓是有益于人类或可以应用于生产实际的，只有极少数种类（如线蚓科的少数种类）对农作物有害。但有益的种类未必都适合人工养殖，能养殖的品种未必能够在大规模生产中取得商业成就。

适合养殖的蚯蚓，首先应当符合饲养目的和当地环境条件。用于充当经济动物蛋白质饲料的，应选择富含蛋白质，且生长快、繁殖力强的蚓种，如赤子爱胜蚓、参环毛蚓、亚洲环毛蚓、背暗异唇蚓，太平 2 号是其中的良种。用于改良土壤，疏松下层泥土的，宜选择善于钻土挖洞、抗逆性强、栖居深层土壤的环毛属蚯蚓；用于疏松表层土壤的，宜饲养体形较小的异唇蚓属和爱胜属蚯蚓；用于处理垃圾、污泥、废物的，可选择食量大、繁殖快的种类，爱胜属蚯蚓是其中的佼佼者；若用于入药，则选择参环毛蚓、威廉环毛蚓和背暗异唇蚓等。从环境条件来看，应根据当地的土壤土质和酸碱度、温度、湿度等条件，选择适宜的养殖品种。例如，地下水位高的地方，或江河湖泊、沼泽的潮湿土壤，土壤呈酸性（pH 为 3.7～4.7）的地区，宜养殖微小双胞蚓和枝蚓属蚯蚓。地下水位低的干旱地方，可选择耐旱的杜拉蚓、直隶环毛蚓。在沙质土地区，可饲养喜沙栖的湖北环毛蚓。气候较寒冷的北方地区，耐寒的北星 2 号蚯蚓是值得选用的养殖对象。

总之，适合养殖的蚯蚓，应当具备以下基本条件：能提供经济价值高、富含蛋白质或特殊药用成分、生物化学物质的蚓体、蚓粪；生长快，具有较高的繁殖力，年增殖率达 300～500 倍以上；易于驯化，具有定居性，不逃逸，适合高密度养殖；抗逆性好，耐热、抗寒，抗病力强。

2. 引种

(1) 从蚯蚓养殖基地采购：目前比较适合各地养殖的品种比较多，但引进的太平 2 号、北星 2 号，以其体形小、色泽红润、生长快、繁殖力强而著称；其次还有各地选育的优良品种。选种时最好到有实力、信誉好、技术和管理比较完善的单位选购。

(2) 从本地野生蚯蚓中选育：从本地野生蚯蚓中选育种蚯蚓，一方面可以获得廉价的蚯蚓种源，省去了外地采购种蚯蚓的开支；另一方面由于是从本地选种，种蚯蚓很快适应环境，减少了从外地引种蚯蚓的死亡数量，可较大程度地提高种蚯蚓的成活率。从本地野生蚯蚓中选育应注意以下几个方面：

一是品种的选择，根据养殖蚯蚓的不同用途，应选择不同的种蚯蚓，防止大量养殖后无用途（或无销路），造成不必要的损失。

二是注意繁殖率，有些品种的蚯蚓虽然适应能力比较强，但繁殖能力较低，而人工养殖蚯蚓，要的是产量，繁殖率低其产量就很难满足，经济效益低下，这样养殖的意义就不大。

三是注意疾病，首先应选育健康的蚯蚓作为种蚯蚓，而对身体无光泽，爬行不活跃，不爱觅食等蚯蚓，则不应作为种蚯蚓养殖。

种蚯蚓的采集是在保证成活率的基础上，最大限度地减少种蚯蚓的体外损伤。野外采种时间，北方地区 6～9 月，南方地区 4～5 月和 9～10 月。选择阴雨天采集，蚯蚓喜欢生活在阴暗、潮湿、腐殖质较丰富的疏松土质中。野外采集蚯蚓种方法有以下几种。

(1) 扒蚯蚓洞：直接扒蚯蚓洞采集。

(2) 水驱法：田间植物收获后，即可灌水驱出蚯蚓；或在雨天早晨，大量蚯蚓爬出地面时，组织力量，突击采收。

(3) 甜食诱捕法：利用蚯蚓爱吃甜料的特性，在采收前，在蚯蚓经常出没的地方放置蚯蚓喜爱的食物，如腐烂的水果等，待蚯蚓聚集在烂水果里，即可取出蚯蚓。

(4) 红光夜捕法：利用蚯蚓在夜间爬到地表采食和活动的习性，在凌晨 3～4 点钟，携带红灯或弱光的电筒，在田间进行采集。

(5) 粪料引诱法

①选择场地：操作场地一定要选择在野生蚯蚓资源丰富的地方，且这些野生蚯蚓品种是喜欢动物粪便的蚯蚓，

如威毛环廉蚓、赤子爱胜蚓等，像自留地、河滩边、无水田地里、田地基边、竹林、树阴下等。确定是否野生蚯蚓丰富的简单方法是：用耙往你需要查看的地方挖下去 30 厘米，在 5 千克的土壤中起码有 10 条以上的中大个体的野生蚯蚓，就可以实施采集。

②调制引诱粪料：最好的粪是牛、马粪，其次是猪粪（垫草的粪，如果是纯猪粪，需要加入 40%的草料或农贸市场的有机垃圾），每吨粪先用 5 千克有益微生物菌群（简称 EM，市场有售）进行充分发酵合格，约 20 天左右。检测方法为：一是看粪的色泽，发酵完成的粪应该呈深棕黄色，草料腐烂，无粪臭味；二是检测 pH，粪发酵完成调制后的 pH 要在 8 以下才能使用；三是直接用蚯蚓做实验，取几条蚯蚓放在发酵调制完成的粪堆上，合格的粪料蚯蚓应该是很温顺地往里面钻，且在 24 小时中都不会爬出；不合格或接近合格的粪料把蚯蚓放在粪料上后，蚯蚓就会把头左右摆动，不愿钻入粪料中，或者钻入粪料中后在几个小时后又钻出来。这种情况就要把粪料再重新发酵一次才能使用。在每吨粪中加入 800 千克的菜园土，混匀。并把 3 千克尿素、5 克糖精、15 毫升菠萝香精、0.5 千克醋精倒进 150 千克干净的水中，溶解后均匀地泼入粪堆中。把粪再堆起来再发酵一星期，调制完成备用。

③开挖收集坑：在野生蚯蚓十分丰富的地方挖宽 1 米、长无限（根据环境位置而定）、深 0.5 米的一个或多个坑。挖坑时如果发现坑内有水渗出或积水，就不能使用。

④填料：先在坑底铺一层 5 厘米厚的菜园黑土，接着

在黑土上铺 40 厘米厚的发酵调制好的粪料，最后再在粪料上加一层 5 厘米厚的菜园黑土。

填铺完后，需要在粪堆上盖上一层 10 厘米厚的稻草或草垫。如果是夏天，在稻草或草垫上用遮阳网进行遮阳；如果是冬季，在稻草或草垫上用农膜进行防寒。盖完稻草或草垫后马上淋一次水，最好是洗米水或酒糟水（1 千克酒糟兑 8 千克水），以后夏天每 3 天、冬季每 7 天淋一次洗米水或酒糟水，防止鸡等动物进行破坏和积水。北方地区要加厚覆盖草料和农膜（要在天冷前做好，野生蚯蚓会选择这里进行越冬）。

⑤采收：第一次采收是在放料后的第 20～30 天。先检查里面的蚯蚓是否有很多，如果里面没有蚯蚓，说明粪料有问题；如果里面只有极少量的蚯蚓，说明蚯蚓才刚刚开始进入，需要过一段时间后再采收。等到发现里面有较多的蚯蚓后，就可以收取。收取时，先把一堆或几堆分成 15 段来收取，每天收取一段，15 天为一个循环周期。收取的方法是用耙子挖，取大留小，每取完一段，要把稻草或草垫重新覆盖好，并当天淋一次洗米水或酒糟水；第二天取第二段……

根据当地的野生蚯蚓资源情况不一，产量悬殊较大，一般每平方米面积月收获在 5～15 千克。成本极低，利用完的粪料又可用来种植庄稼，没有浪费。

3. 蚓种处理

无论是野外采集的蚯蚓种还是外地直接引种，都要经过药物处理、隔离饲养和选优去劣。

（1）药物处理：用1%～2%甲醛溶液喷洒在蚯蚓种体上，5小时后再喷洒一遍清水。

（2）隔离饲养：将药物处理过的蚯蚓种放入单独的器具中饲养，经过1周的饲养观察，确认无病态现象，才可放入饲养室或饲养架内饲养。

（3）选优去劣：挑选个体体型大，健壮，活泼，生活适应性强，生长快，产卵率高的蚯蚓作为优种单独饲养。

4. 注意事项

不论是引种或引种驯化，都要注意以下事项。

①做好充分的调查研究，必要时开展养殖试验，取得可靠结论，选择能够全面适应本地环境条件的优良品种。

②事先对外来品种做检疫、查验工作，以确保蚓种质量，防止病虫害传入本地。

③对于供种方应做必要的调查咨询，如该批种蚓是否出现退化，是否经过提纯复壮，供种方是否拥有可靠的配套养殖技术，能否提供良好的售后服务，甚至连包装容器能否经得起长途运输等细节也应加以核实。

④大批量引种时，最好向国家科研单位或信誉度高的大型蚯蚓繁殖场洽购，不要同社会上五花八门的“信息部”、“种苗公司”打交道，以免受骗。

二、繁殖技术

蚯蚓性成熟后，大多为异体交配，配偶双方相互授精，即把精子输送到对方的受精囊内暂时贮存。在交配过程中或交配后，成熟卵即开始从蚯蚓的雌孔中排出体外，落入环带所形成的蚓茧内。蚯蚓的受精过程包含一个至多个卵的雏形蚓茧途经受精囊孔时，原来交配所贮存的异体精液就排入雏形蚓茧内。蚯蚓产生蚓茧的过程是由蚓体环带分泌蚓茧膜及其外面细长黏液管开始的，经排卵到雏形蚓茧从蚓体最前端脱落，蚓茧前后封口为止。蚯蚓的胚胎发育过程（即蚓茧的孵化），包括卵裂、胚层发育、器官发生三个阶段。

1. 繁殖过程

蚯蚓的繁殖过程实际上就是蚯蚓的生殖器官形成卵细胞，并排出含有一个或多个卵细胞蚓茧的过程。

（1）卵细胞的形成：蚯蚓在生长过程中也有两种生长，一是营养生长，即蚯蚓个体的增大，环节的增多；二是生殖生长，即蚯蚓生殖系统的发育成熟。在蚯蚓生殖系统逐渐发育到一定时期，生殖腺中激发出生殖细胞并排出，然后贮存在贮精囊或卵囊内，再进一步发育成精子或卵子。一般成熟的精子长约 70 微米，个别可达 80 微米以上，可分为头、中段和尾 3 部分；成熟的卵子为圆球形、椭圆形。

卵子由卵细胞膜、卵细胞质、卵细胞核和卵黄膜等部分组成。

(2) 蚯蚓的交配：交配是指异体受精的蚯蚓，达到性成熟以后双方相互交换精液的过程。根据种类的不同，有些蚯蚓交配时在地面上进行，而有些蚯蚓交配时在地下进行。但交配的姿势一般都大同小异，两个发情的蚯蚓前后倒置，相互倒绕，腹面相贴，一条蚯蚓的环带区紧贴在另一条蚯蚓的受精囊区，环带区副性腺分泌黏液紧紧黏附着对方，并且在环带之间有两条细长的黏液管将两者相对应的体节缠绕在一起。排精时，明显的两纵行精液沟的拱状肌肉有节奏地收缩，从雄孔排出的精液向后输送到自身的环带区而进入到另一个个体的受精囊内。这样双方把对方的精液暂时贮存在受精囊中，即受精结束。受精结束后，两条蚯蚓向相反的方向各自后退，先退出缠绕的黏液管，慢慢地两个个体完全分离。整个交配持续 2～3 小时。蚯蚓的交配一般为全年周期性交配，在自然界中蚯蚓一般在初夏和秋季交配；人工养殖的蚯蚓，由于人为创造了适宜蚯蚓生长、繁殖的环境，因此一年四季均可交配繁殖。

(3) 排卵和受精：在交配过程中或交配后，成熟的卵子开始从雌孔中排出体外，卵贮存于卵囊或体腔液中，依靠卵漏斗和输卵管上纤毛的摆动使卵从雌孔排出，落入环带所形成的蚓茧内。

卵的受精过程是雏形的卵包经过受精囊时，已进入受精囊内的精液就排入雏形的卵包内，精子具纤毛状的尾部，进行游泳状运动，与悬浮卵包中的卵子相遇而受精，即完成受精。

(4) 蚓茧的形成：蚓茧的初期是卵包，卵包是由环带分泌卵包膜和细长黏液管形成的，即为雏形卵包。卵子从雌孔排出后，即落入雏形卵包内，即为实质性卵包。卵包内卵子的受精多数是在卵包的形成过程中受精的，也有少数种类的蚯蚓在交配结束后，利用交配时环带区分泌的细长黏液管形成卵包而受精。

卵包从蚯蚓体内产出即为蚓茧。蚯蚓产生蚓茧的过程实际上是卵包从蚯蚓体最前端脱落的过程，并将前后口封住为止。蚯蚓产出蚓茧的场所，以及蚓茧的颜色、形状、大小、含卵量、蚓茧的多少等都和品种、营养条件、生产环境有直接的关系。

赤子爱胜蚓一般喜欢将蚓茧产于堆集肥土处，而背暗异唇蚓则将蚓茧产于潮湿的土壤表层。因此在人工养殖不同种类的蚯蚓时要人为地为蚯蚓创造一个适宜产茧的环境。

蚓茧的颜色是随着蚓茧的产出时间增长而改变的。一般刚产出时的蚓茧为浅白色或淡黄色，随后逐渐变为黄色、淡绿色或浅棕色，最后变成橄榄绿、紫红色或暗褐色。

蚓茧的形状因种类不同而差异较大，多数为圆球形、椭圆形，也有纺锤形、袋状或花瓶状等，也有少数为长管状、纤维状等。在蚓茧的两端也有簇状、茎状、锥状和伞状等差异。

蚓茧的大小一般和蚯蚓的个体成正比例关系。陆正蚓的蚓茧为：长 6 毫米，宽 5 毫米；环毛蚓的蚓茧为：长 2.4 毫米，宽 1.8 毫米；赤子爱胜蚓的蚓茧为：长 4～5 毫米，宽 2.5～3 毫米。

不同种类的蚯蚓，其蚓茧内含卵量也不尽相同，环毛蚓的蚓茧内多数含一个卵，少数含有 2～3 个卵；赤子爱胜蚓的蚓茧内多数含有 3～7 个卵，有个别的蚓茧内只有 1个卵，而最多的可达 20 个卵。不同种类的蚯蚓产蚓茧量也不同，另外还受自然环境、营养条件等的影响较大。在条件适宜时全年可交配、产茧。

蚓茧分为外层、中层和内层 3 部分。外层为蚓茧壁，由交织纤维组成；中层由交织的单纤维组成；内层为淡黄色的均质。刚产出的蚓茧，外层实际上是质地较软的黏液管，随着时间的推移黏液管开始变成坚硬而同时又具有保水和透气能力的蚓茧壁。卵子、精子或受精卵悬浮在内质均匀类似蛋清状的营养物质中。

蚓茧虽有一定的适应能力，但温度过高或过低以及湿度过大或过小都会使蚓茧内的受精卵死亡，而形成无效蚓茧。

2. 蚓苗的孵化

蚓茧的孵化过程实际上就是胚胎的发育过程。在这个发育过程中，从受精卵开始第一次分裂起，到发育为形态结构特征与成年蚯蚓相类似的幼蚓，并破茧而出的整个发育过程称为蚓茧的孵化。

在蚓茧的孵化过程中，一般要经过卵裂、胚层发育和器官发生 3 个环节。首先是受精卵经过卵裂后，形成一定数量的细胞；然后进入囊胚期，开始进行胚层的分化，形成原肠胚；最后进入器官发生阶段，不同的胚层会形成不同的器官和系统，一般由外胚层逐渐分化，形成环胚层、体壁上皮、刚毛囊、腹神经索、脑、感觉器官、口腔、咽、雄性生殖管道端及其内壁上皮、前列腺等，由内胚层逐渐溶化和形成消化系统，由中胚层逐渐形成纵肌层、体腔上皮、心脏、血管和生殖腺等。胚胎发育完成后，幼蚓从蚓茧中钻出即蚓茧孵化结束。

蚓茧孵化所需要的时间，除种类的区别外，主要和外界的温度、湿度有直接的关系。环境温度在 25～33℃时，15 天左右即完成孵化任务，当环境温度在 10～15℃时孵化需用的时间较长。当环境温度在 10℃以下时，孵化停止，待温度适宜时孵化继续进行。所以 12 月份所产的茧，到来年 2 月中旬才发现小地龙一条条从茧内爬出。当环境温度在 25～35℃内较高时，先发育的受精卵很快完成了发育过程，将营养液耗尽，致使其他卵无法形成幼体。当温度较低时，受精卵发育速度较慢，能孵化出较多的个体。湿度过高，如养殖土中的相对湿度超过 70%，空气中的相对湿度超过 95%，都会使蚓茧内水分增加而膨大，使蚓茧内胚胎发育受阻，严重者造成胚胎死亡，而形成无效蚓茧；如果湿度过低，使蚓茧内的水分向外蒸发，胚胎发育所需要的基本水分保证不了，胚胎也会因缺少水分而发育受阻，严重者也会造成胚胎死亡，形成无效蚓茧。

三、蚯蚓的提纯和杂交

蚯蚓属低等动物，遗传变异性较大，再加上人工养殖过程中密度较大，几代同床养殖，很容易造成品质退化，即生长缓慢，繁殖率下降等现象。因此，在生产实践中定期进行提纯复壮和科学进行杂交是十分必要的。

（一）提纯育种

1. 种源的选择

（1）体态要求：体形上健壮饱满，活泼爱动，爬行迅速，粗细均匀，无萎缩现象。

（2）色泽要求：色泽鲜亮，呈现本品种特有的颜色，如爱胜属蚓呈鲜栗红色，环毛蚓呈蓝宝石色等。

（3）环带要求：蚯蚓达到性成熟以后环带丰满明显。

（4）对光照的敏感程度要求：蚯蚓对光温的感知敏感程度直接关系到对生态、微生态和生理以及体生化运动的自调能力。一般认为蚯蚓对较深红色有反应，并逃避为标准；温度在相差 0.5℃时，就具有趋温性，则说明达到温度敏感的标准。

（5）对原体的要求：蚯蚓具有全信息性的再生能力，即截体数段的残体均可在伤口愈合的同体独立形成一复原整体。对于这种复原体，虽然和原体极为相似，但还是有区别的，而这些复原体不应再选择作为种蚯蚓培育。

2. 分组繁殖

将挑选出准备用于繁殖的蚯蚓，按等比例分配到若干对比组中，对其产茧量进行对比观测。观测的主要内容：一是蚓茧的分布情况及主要集中位置；二是蚓茧的密度，按密度的多少依次对分组进行编号，Ⅰ号为密度最高，Ⅱ、Ⅲ依次递减；三是蚓茧的大小，按蚓茧的大小也依次进行编号，即A号为蚓茧最大的组，B、C依次进行递减。对以上3种情况最佳的前几位（根据养殖的规模，确定选取的数量），即蚓茧分布均匀、密度较大、个体较大的筛选出来独立进行人工孵化，得到较优的群体。

蚓茧分离时应将选取的编组基料分别堆置阴凉处，稍后拌入少量滑石粉，以促使蚓茧从基料中尽快分离出来，然后用8目分样筛缓慢过筛，使绝大多数蚓茧分离出来。蚓茧分离出来以后，再拌入少量滑石粉，用16目分样筛再次进行过筛，将筛上面的大粒蚓茧分别拌入少量基料中暂时养护保存，筛下的蚓茧置入商品养殖地中，用于生产商品蚯蚓。

将筛选出的蚓茧进行人工孵化，人工孵化一是缩短提纯周期；二是恒温孵化对长期在自然孵化的蚓茧中胚胎发育过程的生理节律以及作用因子带来相应的影响和冲击，从而获得了这一生理过程对新的要求的适应性筛选和驯化性筛选的基础。人工孵化时应注意以下几点：

（1）埋茧：在孵化池内先铺垫5厘米厚的基料，然后将要进行孵化的蚓茧均匀撒上一层，随即再撒上一层基料。

（2）覆膜：首先应搭建一个小弓棚，可用小竹竿两头插地。一般距基料面的高度以 15 厘米为宜。其次在竹竿的上面覆盖塑料薄膜，最好选用无滴水型的薄膜。最后将薄膜边角用土压实，但要注意通风透气。

（3）控温：温度一般以基料底面保持在 25℃左右为宜，夏季一般不用采取什么措施，冬季则应注意加温，最常用的方法是在基料底部先埋上远红外加温器，使温度达到最佳状态。

3. 强化饲养

通过强化饲养达到优秀个体突出表现的过程。强化饲养主要掌握以下几点：

（1）加强高蛋白质饲料的饲喂：当幼蚓出茧以后，即可饲喂蛋白质占 80％的饲料，在具体饲喂时可将饲料加工成细软糊状进行漏斗布点饲喂，根据采食情况，可坚持吃完就喂，没有剩余饲料为原则。

（2）变温饲喂：变温的目的是为了提高蚯蚓的适应性，并通过温度的变化，使遗传差异的隐性基因表现出来，而个体发育受阻被淘汰。同时通过变温还可以促使蚯蚓的新陈代谢，提高蚯蚓的抗病能力。具体方法是在每天晚上 10 点左右关闭保温措施，使温度下降到 15℃左右，如果高于 15℃还可以向基料上面喷洒凉水，使载体内部温度快速下降。等到次日早晨 6 点左右再将温度升至标准温度。可每天进行一次，连续 5 天，中间间隔 2 天。

（3）适量增加添加剂：如维生素添加剂、微量元素添加剂等，拌入饲料中即可，但要注意搅拌均匀。通过强化饲养以后，将表现较好的个体按照种源选择、分组繁殖和强化饲养3个环节进行第2次纯化育种，如此反复几次即可得到较纯化的繁殖群。

（二）杂交育种

种蚯蚓通过杂交达到增重速率和繁殖率都较高的目的。经实践杂交后的赤子爱胜蚓年繁殖率可提高1800倍，增重率可提高120倍。

1. 一级单杂交

一级单杂交是将提纯后的种蚯蚓，按照原来的各编组进行二元排列组合，使其育出杂交一代，并从一系列杂交一代中优选出更优秀者。

具体方法是将各组依次进行排列组合，即从每一组中取出一部分分别进行两组之间的混合饲养。这样就形成了几个杂交组合：

A×B　A×C　A×D

B×C　B×D　……

C×D　……

将上述杂交组合进行恒温精养，同时进行跟踪观察、测试、记录。根据产茧时间的先后、产茧数量、各种分样筛余量、孵化率、单茧出幼蚓数量等指标，最后分别计算出各组杂交优势进行比较，并及时留优去劣。

2. 二级杂交

二级杂交是在一级杂交的基础上，将一级单杂交优选出来的种蚯蚓进行三元或四元组合进行杂交。三元杂交的组合形式是选用一级杂交的优种与另一纯化品种再次进行杂交产出的后代即为二级三元杂交品种。其组合形式为：

AB×C　AB×D　AC×D　……

四元杂交是将两个不同的一级单杂交组合进行的二级杂交。其组合形式为：

AB×AC　AC×AD　AB×BC

对二级杂交的后果，进行优势率的测定，选育出最佳表现组类，再进行三级杂交。

3. 三级杂交

在杂交优势不太明显或潜在杂交优势还未发挥到最佳状态时，可进行三级杂交。其组合形式为：

ABCD　BCDE　ABCE　……

（三）促性培养

促性培养就是通过人为干预的办法，促使蚯蚓达到性成熟。由于蚯蚓为雌雄同体动物，因此在操作时要注意雌雄的同一性，防止因用药过早、过重，造成蚯蚓绝对性化，不但没有收到高产、高效的目的，反而适得其反，造成生长缓慢，繁殖率低下或不繁殖等不良后果。

1. 促进雄性培养

将二级杂交或三级杂交的优秀群体再次进行分组后实施促雄培养。雄性激素的种类比较多，如甲基睾丸素、丙酸睾丸素、仙阳雄性素等，目前较普遍采用的是仙阳雄性素。具体的使用方法有以下两种。

（1）拌入饲料中：将饲料调整为中偏酸性后，按每千克饲料用仙阳雄性素 1.5 毫升的比例，先取出少量饲料将要加入的仙阳雄性素加入搅拌均匀后，再倒入要配制的全部饲料内搅拌均匀。一般每 3 天投药 1 次，连续 15 天可收到明显的效果。

（2）拌入喷水中：仙阳雄性素按照 1 毫升加入 15 千克清水的比例，每 7 天向地面喷雾 1 次，每次用量以每平方米 1 千克为标准，连续用 3 次即可。

2. 促进雌性培养

从二级杂交或三级杂交中选择优秀群体，再分组进行促雌培养。雌性激素的种类有：已烯雌酚、苯甲酸求偶二醇、绒毛膜促性激素、益母素等，目前较普遍采用的雌性激素以益母素为佳。具体的使用方法有以下两种。

（1）拌入饲料中：饲喂方法基本上和促雄培养相同，用药量以每千克饲料加入 5 毫升益母素为宜，一般每 3 天投药一次，连续使用 1 个月即可。

（2）拌入喷水中：将益母素按 5 毫升加入 30 千克清水的比例用药，每 3 天向地面喷雾 1 次。每次用量以每平方米 1.5 千克为标准，连续用药 1 个月即可。

3. 促性后组合

通过分组雄性培养和雌性培养以后，将这两种培养后的蚯蚓，再进行雄、雌组合，形成一个新的杂交体。具体排列如下：

a. ABC♂×ABC♀　　b. ABC♂×ABD♀

c. BCD♂×BCD♀　　d. ABD♂×ABD♀

（四）杂交优势率的测算

蚯蚓的杂交优势率是一个综合性参数，目前比较普遍选定的是增重优势率和繁殖优势率两项指标来测定杂交优势率。

1. 增重优势率

$$\text{增重优势率（\%）}=\frac{\text{杂交代平均增重量}-\text{双亲平均增重量}}{\text{双亲平均增重量}}\times 100\%$$

例如：促性后组合 A 组的日平均增重量为 600 克，而作为 A 组合的双亲 ABC♂和 ABC♂的日平均增重量分别为 520 克和 540 克，其双亲本身的日平均增重量为（520＋540）÷2＝530（克）。

$$\text{A 组杂交增重优势率（\%）}=\frac{600-530}{530}\times 100\%$$

同样的方法可以计算出其他各杂交组合的杂交增重优势率。

2. 繁殖优势率

繁殖优势率实际上就是种蚯蚓选育杂交前后的产茧数量的对比。

$$繁殖优势率(\%)=\frac{杂交代平均产茧量-原曾祖代平均产茧量}{原曾祖代平均产茧量}\times 100\%$$

例如：促性后组合 A 组的平均产茧量为 800 粒，原曾祖代 A、B、C、D 的平均产茧量分别为 310 粒、350 粒、320 粒、330 粒等，则其平均产虽量为（310＋350＋320＋330）÷4＝327.5（粒）。

$$A组杂交繁殖优势率（\%）=\frac{800-327.5}{327.5}\times 100\%=144\%$$

同样的方法可以计算出其他各杂交组合的杂交繁殖优势率。

（五）原种的复壮

通过提纯和杂交以后的蚯蚓无论从肌体、生理，还是从遗传基因方面，都有一个较大改良，从综合优势比较也有较大幅度的提高，如果能再进行复壮过程，则可以使种蚯蚓更上一层楼。主要应抓好以下几方面的工作：

1. 营养标准的加强

经过提纯杂交以后，蚯蚓的增重优势率和繁殖优势率都有明显增强，这就需要全价的营养物质作保证，否则如果营养跟不上，就会制约提纯杂交后的优势发挥，使大量的前期提纯杂交工作付之东流。一般营养的标准按幼蚓的饲养标准进行，同时要注意增加饲喂量，和其他蚯蚓相对比应增加 5%的饲喂量。关于饲料的质量可以观测蚯蚓对饲料的采食速度来评价饲料的适口性，用蚯蚓排泄量的多少来评价饲料的转化率。

2. 微生态的平衡

微生态的平衡是指有益微生物的多元性和对有害微生物的抑制作用，因此微生态平衡应该包括两部分，即蚯蚓生长环境的微生态平衡和蚯蚓身体内部的微生态平衡。如何使这两种平衡达到最佳状态，是原种复壮的关键环节。

（1）蚯蚓生长环境的微生态平衡：主要是指种蚯蚓所生存的基料和饲料。通过人工的方法要在基料和饲料中定期拌入一定量微生物，如光和菌、乳酸菌、酵母菌、纤维素分解醇等有益微生物菌、酶群，不但可以提高饲料的转化率，抑制有害微生物的生长，而且还可以减少有害物质的产生，创造良好的种蚯蚓生存环境。

（2）蚯蚓体内的微生态平衡：在蚯蚓体内存在着无数的微生物区系，其中包括可促进饲料消化提高的区系，也有抑制饲料转化，阻止其生长的区系，还有致病作用的区系。对于原种蚯蚓来说，由于培育过程中的非完美性和时空方面的条件所限，这类区系的生理因素都有可能被遗留下来，同是后天的环境因素还会产生新的微生物区系。如果这些微生物区系失去了平衡，而致病微生物区系占上风，则蚯蚓的生长、繁殖都会受到影响，因此要十分关注蚯蚓体内微生态现象。通过使用微生物添加剂既解决了有害微生物对蚯蚓体的破坏，又解决了使用抗生素存在的抗药性和组织残留等缺点。

3. 蚯蚓体内微循环活性的运动增强

由于满足了蚯蚓对饲料的全方面要求，如果不使蚯蚓体内微循环活性运动增强，就会造成脂肪的大量堆积，这对蚯蚓的生殖系统发育以及以后的交配、产茧都会产生直接的影响。促使蚯蚓体内微循环的方法比较多，目前较多采用的是活性助长剂，但活性助长剂对正在发育和培养中的种蚯蚓原种来说就有些不足。针对种蚯蚓复壮而增强体内微循环的活性，由北京明仁智苑生物技术研究院研究生产的“活性素”，是采用传统的中药理论和现代生物技术相结合的产物，具有促进种蚯蚓全方位开放式的生理、生化运动的功能，对种蚯蚓的复壮有显著的效果。使用时取“活性素”100 毫升，兑水 3000 毫升，经稀释后均匀喷雾在基料上。一般每周用药 1 次，每次每平方米用药量为 1000 毫升，在每次投喂饲料之前喷药效果更好。

4. 加速蚓茧的成熟过程

原种蚯蚓的繁殖优势率比较高，但由于种蚯蚓因贪繁殖量，而蚓茧质量有一部分明显降低，这一方面是由于营养的吸收转化能力跟不上产茧量的需要，另一方面是由于性功能的优势性和产茧的优势性不能同步，而造成产茧的优势性滞后现象。针对这个问题，北京明仁智苑生物技术研究院专门研制生产的“保茧素”，解决了蚯蚓产茧质量低和出现间歇性产茧的现象。使用时取“保茧素”100 毫升，兑纯净清水 2000 毫升，经稀释后均匀喷雾在基料上。一般每周用药一次，每次每平方米用药量为 500 毫升，但要注意使用“保茧素”和使用“活性素”要错开时间，这两种药物切不可同时使用。

第 6 章
饲养管理

在蚯蚓的养殖过程中，养殖技术和管理措施关系到蚯蚓繁殖的速度、经济效益等问题，这就要求饲养管理人员对工作积极负责，才能做好这项工作。

首先要对蚯蚓饲养管理人员进行专业知识和管理技能的学习。通过学习，一能提高认识，树立信心；二能使管理人员熟悉蚯蚓饲养中的每一个环节所需要注意的有关问题，熟练掌握基本操作技术。

饲养管理人员应经常进行观察，要

肯花工夫，细致认真，及时发现问题，及时采取有效措施进行解决。观察工作包括看蚯蚓的生活环境情况，比如温度、湿度、光照、通风等情况，如果有不适应要立即纠正。

蚯蚓的饲养工作具有长期性和连贯性，只有在饲养过程中不断吸取教训，总结经验，从中找出规律性的东西，才能使技术水平得到提高，从而再应用到蚯蚓饲养的实践中，使得蚯蚓养殖获得更好的效果和较好的效益。数据是总结的依据，它主要来源于饲养管理人员在饲养管理工作中的详细真实记录。

一、日常管理

养殖蚯蚓必须熟悉和了解蚯蚓的生物学特性，包括蚯蚓的生活习性、生长发育和繁殖习性等特点，而且根据其养殖规模和养殖方式进行日常管理。

（一）基料的铺设

养殖池的铺设

(1) 孵化池的铺设：首先用“消毒灵”对全地四周进行喷洒消毒处理，24 小时后再用清水冲洗一次，待池壁风干具有一定吸水性时，于池的四周再喷上一遍 500 倍液的“益生素”；最后进行分层铺设基料。基料铺设完成以后，可将待孵化的蚯茧置于孵化池内，即可孵化了。

（2）产茧池的铺设：产茧池不宜太厚，除按孵化池的铺设进行消毒处理外，还应对上层 2 厘米的厚度进行特殊处理，一般用浓度为 1000 倍液的“益生素”喷施后，加盖轻质泡沫板，以保证上面表层不受风吹日晒，稳定基料的相对湿度。

（3）中、成蚯蚓池的铺设：由于中、成蚯蚓生长旺盛，人工养殖的密度也比较大，基料铺设的厚度比较深（一般在 30～50 厘米），因此在铺设基料时要进行特别处理：首先应按孵化池的铺设标准，对全池进行消毒；其次要设置通气孔，通气孔可用直径为 10 厘米的竹筒、塑料管，在体壁上钻孔洞代替，夏季每平方米可设置 3 个，春秋季节可设置 1 个，冬季可不用通气孔；再次要铺设垫层和中间层，垫层应将较粗大的禾、茎秆，如玉米秆、高粱秆、大豆、花生等韧性比较好的农作物秸秆铺于池底，一般厚度为 3 厘米左右，人工用脚踏实。在底层上面铺一层旧报纸即可铺设基料了，在铺设基料时要拌入 0.5％的增氧剂。最后铺设表层，表层的处理和产茧池的表层处理基本相同，但要注意通气孔直立，防止倒斜。

（4）幼蚓池的铺设：幼蚓池也可以和孵化池合并在一起，除按中、成蚯蚓池的铺设以外，由于幼蚓比较小，上下活动比较困难，因此还应在基料中间设置圆锥形投料管，一般 0.5 平方米设置一个。投料管可以制作成下面大（直径可以在 20～30 厘米），上面小（直径可以在 5～10 厘米）。投料管可以专门制作，也可以用柳条、荆条人工编制。

（二）环境控制

养殖池内的生态环境受多方面的影响，如四季气候的变化、局部环境的影响等，因此在实际生产中应区别对待。

1. 投放密度

种蚓放养密度是否合适，直接关系到成蚓产量和经济效益。种蚓的投放量，取决于蚯蚓品种、基料营养状况和管理水平。体形小的种蚓，投放数量较大。当基料厚度为20～30厘米时，太平2号、北星2号体形较小，每平方米饲养床可放养5000条；威廉环毛蚓，宜投放800～1000条；参环毛蚓体形更大，仅可放养150～200条。若以重量计算，则不论哪种蚯蚓，每平方米宜放养种蚓25千克。饲养2个月，当蚓体总重增至投种量的6倍时，就应采收或分箱养殖，以免密度过大而降低养殖效果。

在集约化养殖情况下，往往从投放幼蚓直至采收均不用添加饲料。在这种情况下，可按下列公式简化计算幼蚓的投放量。

幼蚓投放量＝基料重量÷（每条成蚓日采食量×饲养周期）

例如，使用1吨基料，要求成蚓体重达到0.5克时采收，饲养期定为60天，蚯蚓日采食量等于其体重，则幼蚓投放量为：

1000000克÷（0.5克/天·条×60天）＝33333条

种蚓投放量还与饲养目的有关。如果以繁殖幼蚓为目的，放养密度可大些。如赤子爱胜蚓1日龄幼蚓每平方米可放养 4 万条，1～1.5 月龄减为 2 万条，1.5 月龄以上为 1 万条。如果以采收商品蚓为目的，则上述幼蚓每平方米宜放养 1 万条。

2. 温度的控制

温度是直接影响蚯蚓生长发育和产卵状况的重要生态因子。蚯蚓属变温动物，其生活的最佳温度在 20～25℃，因此要使蚯蚓的生存环境达到最佳状态，温度的最佳状态是关键。而我国大部分地区属大陆性气候，即一年四季分明，这样一年四季的温度管理应有所区别。

(1) 春季的温度管理：当气温稳定超过 14℃时，可将过冬时覆盖的塑料薄膜撤去，但如果是繁殖种群和孵化期蚓茧温度低于 18℃，而生长期的蚯蚓温度低于 10℃，则应采取加温补救措施。

①厩肥加温法：首先在基料上按每平方米挖一个直径为 30 厘米，深为基料 2/3 的圆洞；其次将消毒处理的厩肥，如鸡粪、猪粪、牛粪等填入预先挖好的圆洞内，上部覆盖原来的基料；最后观察温度的变化，如果温度上升不到 25℃，这说明厩肥发酵不理想，则可以在厩肥中加入米酒曲之类的酵曲协助升温，如果温度升得较高，在 60℃以上，则说明加入的厩肥过量，则可清除一部分厩肥，使温度降到蚯蚓所需要的最佳温度状态。

②红外线加温法：首先将红外线加温器按每平方米一支埋入基料的偏低部分，导线插头接通电源即可；其次观察温度的变化，如果温度上升较慢，可增加加热器的数量

或加大加热器的功率，相反如果温度上升较快，温度较高，则应减少加热器的数量或换成功率较小的加热器；最后要定期对加热器进行检查、维修，发现有问题，如加热器损坏、导线裸露等应及时处理。

（2）夏季的温度控制：我国的夏季南北温差比较小，温度普遍较高，外界温度超过 30℃的时间比较长，因此，夏季应做好防暑降温工作。

①种植遮阴作物：可以在养殖蚯蚓的基料上方，架设天棚，种植一些藤蔓植物，如葡萄、丝瓜、葫芦、苦瓜、黄瓜等。通过这些藤蔓的枝叶遮挡烈日，为蚯蚓创造一个清凉舒适的小环境。

②设置遮阳网：如果没有来得及种植藤蔓类植物或种植失败，则应从市场上购置遮阳网，搭建在棚架上，起到遮阳的作用。

③适时喷水：如果条件允许，最好在基料上方设置喷水系统。通过喷水和基料中的水分蒸发，也可以起到降温的作用。

（3）秋季的温度控制：秋季是蚯蚓一年中最佳繁殖季节，也是商品蚯蚓的育肥期，因此抓好秋季管理十分重要。而进入秋季昼夜温差较大，雨水又较多，因此要抓好以下几个环节。

①及时补充新基料：由于秋季的蚯蚓繁殖和育肥都需要大量的营养物质，除搞好饲料投放外，还应该考虑基料的营养物质，因此应及时分批分期更换基料，同时更换基料还可以提高基料内的温度，以补充秋季外界温度下降的

不足。

②覆盖保温材料：晚上气温较低时可覆盖农作物秸秆或塑料薄膜增加基料中的温度，白天温度高时可将覆盖物掀开。雨天则应在基料上覆盖塑料薄膜，防止大量的雨水浸入基料中，使基料湿度过大，这对蚯蚓的生长繁殖极为不利。同时还要注意下雨天气的排涝工作。

③采取增温措施：如果覆盖保温材料达不到蚯蚓生长繁殖所需要的最佳温度状态，则应采取增温措施。其方法是在基料的上方安装红外线增热器，通过红外线的热辐射作用，使基料内的温度增高。

（4）冬季的温度控制：冬季的寒冷气候对蚯蚓的生长繁殖极为不利，如果没有采取保护性措施，则应让蚯蚓进入冬眠状态。如果全年生产，则应在日光温室内进行，即使这样，在北方（长城以北地区），地下还应设置地热措施，以保证蚯蚓安全过冬。

①保种过冬：在严冬到来之前，将个体较大的成蚯蚓提取出来加工利用，留下一部分作种用的蚯蚓坑的培养料合并到一个坑，上面加一层半发酵的饲料，或新料与陈料夹层堆积，调整好温度，加厚覆盖物，挖好排水沟，就可以让它自然过冬，到春天天气转暖时再拆堆养殖。

②保温过冬：室外保温过冬，利用饲料发酵的热能、地面较深层的地温和太阳能使蚓床温度升高。坑深一般要求1米左右，宽1.5米，长5米以上，掘坑的地方与养殖蚯蚓要求的条件是一致的。坑掘好以后，先在坑底垫一层10厘米厚的干草，草上加30厘米厚的畜禽混合粪料，粪便

料要求捣碎松散，有条件的地方可在粪料中加一些酒糟渣，含水 50％左右。粪上加 10 厘米厚的干草，干草上铺两条草袋或者麻袋，再投以 30 厘米含蚯蚓粪的培养料，料上盖一层稻草，草上加 10.5 厘米厚的发酵烘料，上面再盖好覆盖物，覆盖物上再盖塑料薄膜。晴天中午揭开透气，并让太阳晒暖料床。这样的蚯蚓温床温度可以保证在 20℃以上。1 个月以后，原加的半发酵料已被蚯蚓取食一半以上，在上层又加一层半发酵料，取食一半后又加一层。蚯蚓密度太大时，应及时取用或分床。保温好的，一个冬季里可繁殖出两代蚯蚓来，蚓体的生长速度比夏季还略高些。

③低温生产：砍掉蚓床周围的一切荫蔽物，让太阳从早到晚都能晒到蚓床上；秋天遗留下来的床料不再减薄，逐次加料来增加床的厚度，加料前老床料铲到中央一条，形成长圆锥形，两边加入未发酵的生料，并逐次加水让其缓慢发酵。一个星期后，覆到中央老床土上，蚯蚓开始取食新料后打平。等新料取物减到最薄程度，让太阳能晒到料床上，下午 4 点钟后再盖上。覆盖物要求下层是 10 厘米厚的松散稻草或野草，上面用草帘或草袋压紧，再盖薄膜。洒水时，选晴天中午用喷雾器直接喷到料床上，保持覆盖的稻草干燥。提取蚯蚓时，做到晴天取室外床，雨天取室内床。虽然冬天蚯蚓长得慢，却因后备蚯蚓群多，也不会影响冬季成蚯蚓的提取量。

3. 湿度的调节

（1）含水率的监测：监测基料中的含水率是日常管理

中的重要工作。基料的湿度因种类不同其要求基料含水率有所区别，即使相同的基料其不同部位的含水率也不尽相同，不能因片面掩盖整体，造成湿度的失控。因此在具体测定时，应取基料的上、中、下三部分，分别测出具体数据后，再用加减平均的办法取值。测定的方法比较多，比较精确的数据可用电烤法：取10克基料放入电烤箱中烤干后称重，如还剩下4克，则说明基料的含水率为60%。但是在生产实践中不可能都取出来去烤干，这样就有一个经验测定法：用手抓起来能捏成团，轻轻晃动能散开，其含水率为60%～40%；用手捏成团后，手指缝可见水痕，但无水滴，其含水率为40%～50%；用手捏成团后，手指缝见有积水，有少量滴水，其含水率为50%～60%；用于捏成团后，有断接的水滴，其含水率为60%～70%；用手捏成团后，水滴成线状下滴，其含水率为70%～80%；如果用手抄上来基料，没有手捏就有水滴成线状下滴，其含水率在80%以上。

（2）基料过湿的处理：造成基料过湿的原因比较多，主要有以下几方面：

①滤水层阻塞：尤其在雨季，雨水冲积基料中的泥水，往往容易阻塞滤水挡板，因此应经常检查、清理。同时还应注意通气筒的清洗工作，保证基料中氧气的含量。

②蚓粪沉积过厚：随着蚯蚓采食基料而排出粪便，大量的粪便沉积后，造成基料松散下降，透气性降低，就容易出现湿度过大或积水现象。

③饲料水分过大：饲料中含水率较高，一方面饲料中的

水分直接进入基料中，另一方面蚯蚓采食高水分的饲料后，粪便的水分含量也比较高，造成基料中的水分间接提高。

处理基料中的湿度较大或水分较高的方法比较多，各地应根据情况具体掌握。但最常用的方法就是更换部分基料，同时还要注意饲料中的含水量。

（3）基料过干的处理：基料中的湿度过大对蚯蚓的生长繁殖不利，而基料过干对蚯蚓的生长繁殖也相当不利。造成基料过干的原因比较多，如空气中湿度较小，基料中的水分蒸发较快等。可采用以下处理方法：

①增加喷水的次数，补充基料中的水分。

②覆盖农作物秸秆，减少基料中水分的蒸发。

③借助投喂含水分较多饲料，来增加基料中的水分。

温度和湿度虽然是养殖蚯蚓的两个重要指标，其有一定的内在关系，即温度和湿度的相对平衡。当温度高时，一方面基料的透气性增强，可容纳较多的水分，另一方面基料中的水分蒸发也比较快，因此要加大基料中的水分，提高基料的湿度；相反，当温度低时，一方面基料的透气性降低，可容纳的水分较少，另一方面基料中的水分蒸发较慢，因此要减少基料中的水分，降低基料的湿度。维持好温度和湿度的正比例关系十分重要，高温度、低湿度或低温度、高湿度都会对蚯蚓的生长繁殖造成威胁。

4. 饲料投喂

蚯蚓采食量大，同时排放大量蚓粪。因此，必须及时补充足够的添加料，并清除有碍于养殖环境的蚓粪。这是蚯蚓养殖日常管理工作的一项重要内容。

在农田、果园、花地等野外场地养殖蚯蚓的，可在春耕时结合农作物、果树、花卉施入底肥、翻耕绿肥，在初夏时结合追肥，在秋收秋耕时结合施肥，将发酵腐熟的粪草与沃土拌和后投放于蚯蚓养殖沟槽中，然后覆盖土壤。

在饲养床养殖蚯蚓，所选用的饲料不同，其饲喂的方法也不尽相同。

（1）幼蚯蚓的饲喂：幼蚯蚓投喂的饲料，以比较松散而且含水分较小的饲料为主，防止投喂饲料的湿度过大、过稀，而造成中、下层阻塞，减少透气性、缺氧等现象，使幼蚯蚓不适或死亡。

①饲料管饲喂法：由于幼蚯蚓的行动趋向是根据周龄的增长而逐步向基料下面深入的，为了减少蚯蚓上下运动的相互干扰，有必要在基料的中间层设置饲料管，使下层的蚯蚓不用到达上层也可以采食到饲料。

用饲料管投喂饲料，要经常观察饲料管内蚯蚓对饲料的采食情况，既不要出现饲料的剩余，这样会降低饲料的新鲜度和适口性，又不能出现因饲料不足，而造成蚯蚓之间相互争食，影响整体生长发育。

②草垫饲喂法：草垫饲喂法适合投喂一些比较稀、含水较高的饲料。首先要编制草垫。可用稻草等较长而又绵软的农作物秸秆编制成长、宽、厚分别为 60 厘米、30 厘米、2 厘米的长方形草垫。草垫的要求以密而不紧，松而不散为原则。草垫编制好后要在 3%的生石灰水中浸泡 24 小时，使草垫软化并消毒。其次是放置草垫。为了操作时

方便，草垫一般顺着基料的方向摆放，纵向可摆放 3 排，每平方米可放置 4 个草垫，最好能在草垫上喷一些蔗糖水，作为初步驯化蚯蚓的引诱剂。再次是投喂饲料，将饲料调和适中后，以勺舀至草垫上（用一半），舀出的量以不溢出草垫边沿为准，然后，将草垫无饲料的一半向上折叠置饲料上，将饲料盖上。最后是喷水清垫，当饲料向下渗透完毕以后，便打开草垫折叠部分，用清水喷雾清洗干净，并喷一层“益生素”，防止霉变、生虫和招来蝇蚊等。草垫可不收起，这样既有利于基料保湿，又方便蚯蚓取食。

（2）生长期蚯蚓的饲喂：生长期蚯蚓的生长比较快，投喂的饲料量也比较大，因此在管理上要比幼蚯蚓粗放一些。根据蚯蚓饲养的密度和温度的情况，具体掌握：适温（即温度在 20～25℃）多投料，高温（即温度在 25～30℃）减投料，低温（即温度在 15～20℃）少投料的原则。温度在 20～25℃，是蚯蚓生长繁殖的最佳温度，此温度蚯蚓生长最快，其饲料消耗也最多，可在基料表面全部撒上饲料，待采食完毕后可间隔 4 小时，继续投喂饲料；温度在 25～30℃，由于温度偏高，蚯蚓的采食量明显减少，因此可一半撒上饲料，而另一半不撒饲料，下次投喂饲料时更换一下撒料位置，这样交替着投放饲料；温度在 15～20℃，由于温度偏低，基料的透气性也明显下降，应少投料、薄撒料，最好采取挖坑深埋料的办法，为深层的蚯蚓补料。

（3）成蚯蚓的饲喂：成蚯蚓的饲喂方法比较多，各地可根据情况具体制定，这里介绍几种方法供参考。

①轮换堆料法：在饲养床的一端，预留出 2 米长的空

床位。饲养床堆积的基料高30～40厘米，放养种蚓。当基料基本上转化为蚓粪后，在空床位处铺上新沤制的饲料，表面覆盖一张网眼为1厘米见方的铁丝网，然后将已粪化的旧基料连同其中的蚯蚓一并铺放于铁丝网上，再将空出的床位铺上新基料。如此交替操作，轮换堆积，直至原有饲养床的旧基料全部更新完毕。将铁丝网上的旧基料加以阳光或灯光照射，待其中蚯蚓钻入基料下层后，用刮板将旧基料连同其中的蚓茧刮取一半；继续加以光照，然后再刮取旧基料，直至绝大部分蚯蚓因畏光而穿过铁丝网钻入下层新基料中。这时提起铁丝网，将网上的蚓茧连同蚓粪一并移入孵化床，以便孵育幼蚓。

②混合投喂法和开沟投喂法：混合投喂法就是将饲料和土壤混合在一起投喂。采用这种方法投喂，大多适用于农田、园林花卉园养殖蚯蚓。一般在春耕时结合给农田施底肥，耕翻绿肥，初夏时结合追肥以及秋收秋耕等施肥时投喂，这样可以节省劳力而一举两得。另外还可采取在农田行间、垄沟开沟投喂饲料，然后覆土。一般在农田中耕松土或追肥时投喂饲料，也可以收到较好的效果。

③分层投喂法：包括投喂底层的基料和上层的添加饲料。为了保证一次饲养成功，对于初次养殖蚯蚓的人来说，可先在饲养箱或养殖床上放10～30厘米的基料，然后在饲养箱或养殖床一侧，从上到下去掉3～6厘米的基料，再在去掉的地方放入松软菜地的泥土。初养者若把蚓蚓投放在泥土中，浇洒水后，蚯蚓便会很快钻入松软的泥土中生活，如果投喂的基料十分良好，则蚯蚓便会迅速出现在基料中，

如果基料不适应蚯蚓的要求，蚯蚓便可在缓冲的泥土中生活，觅食时才钻进基料中，这样可以避免不必要的损失。基料消耗后，可加喂饲料也可采取团状定点投料、各行条状投喂和块状料投喂等方法。各种方法各有其优点。如采用单一粪料发酵 7～10 天，采取块状方法投喂饲料，在每 0.3 平方米养殖 800 条蚯蚓的饲养面上，饲料厚 18～22 厘米，20 天左右可加料 1 次。加料时把饲养面上深层饲料连同蚯蚓向饲养面的一侧推拢，然后再在推出的空域面上加上经过发酵后的奶牛粪。一般在 1～2 天内陈旧料堆里的蚯蚓便会纷纷迅速转入新加的饲料堆里。采用这种投料方法，可以大大地节省劳动力，并且蚓茧自动分清。在陈旧料堆中的大量卵茧可以集中收集，然后再另行孵化。

④上层投喂法：将饲料投放于蚯蚓栖息环境的表面。此法适用饲料的补充，也是养殖蚯蚓时常用的方法之一。当观察到养殖床表面粪化后，即可在上面投喂一层厚 5～10 厘米的新饲料，让其在新饲料层中取食、栖息、活动。这种投喂方法便于观察蚯蚓食取饲料的情况，并且投料方便。不过新饲料中的水分会逐渐下渗，位于下方的旧料和蚓粪中的水分较大，加之，蚓茧会逐渐埋于深处，对其孵化往往不利，为避免这种情况发生，可在投料前刮除蚓粪。

⑤料块（团）穴投喂法：即是把饲料加工成块状、球状，然后将料块固定埋在蚯蚓栖息生活的土壤内，这样蚯蚓便会聚集于料块（团）的四周取食。这种投料方法便于观察蚯蚓生活状况，比较容易采收蚯蚓。

⑥下层投喂法：即将新制作好的饲料投放在原来的饲

料和蚓粪下面，可在养殖器具一侧投放新的饲料，然后再把另一侧的旧饲料覆盖在新的饲料上。采用这种方法投喂蚯蚓，有利于产于旧有饲料和蚓粪中的蚓茧孵化，面且由于新的饲料投入到下层，蚯蚓都被引诱到下层的新饲料中，这样很便于蚓粪的清除。不过这种投喂方法也有其缺点，往往因旧料不清除，而蚯蚓食取新添加的饲料又不十分彻底，常造成饲料的浪费。

⑦侧面补料法：在饲养床宽度方向设置新的饲养床（即在饲养床的侧面添放新饲料），1～3 天后，原饲养床中的成蚓大部分钻入新料床摄食，而活动能力差的幼蚓及蚓茧仍留于旧基料中。可将它们连同旧基料移入孵化床，进行孵育。

⑧穴式补料法：将添加料制成球状或块状，在饲养床上开挖若干个洞穴，掏出穴内的旧基料，补入等量的添加料。于是洞穴周围的蚯蚓便聚集于添加料内采食。此法便于观察蚯蚓活动、摄食等状况，也容易采收成蚓。

不管采用哪种投喂方式，饲料一定要发酵腐熟，绝不能夹杂其他对蚯蚓的有害物质。另外也可因地制宜，因饲养方式、规模大小，根据不同的养殖目的和要求来投喂饲料，更重要的是要根据不同蚯蚓的生活习性来投放和改进投喂饲料的方法，以达到省料、省力、省时和能取得较高经济效益的目的。

5. 防逃

如果饲养管理疏忽，往往会出现蚯蚓大量逃逸现象，其原因如下：

①部分基料仍在发酵而产生不良气体使蚯蚓难以耐受。

②淋水过多，排水不良，基料积水，造成氧气不足。

③基料的温度、湿度严重偏离蚯蚓生长的适宜范围。

④基料消耗殆尽，未及时投放添加料，蚯蚓处于饥饿状态。

⑤添加料中不慎混入蚯蚓敏感的有毒成分。

⑥养殖密度过高，成蚓与幼蚓“祖孙同堂”，成蚓会主动迁移逃逸。

⑦饲养床缺乏夜间照明，如果基料内外的温度、湿度相近，天黑之后，蚯蚓便外出活动而逃逸。

⑧野生蚯蚓刚转为人工饲喂，尚未驯化成功，夜间也会逃逸。

针对上述不同的原因，按照蚯蚓的习性和需求来改进饲养方法，提高管理水平，才能从根本上杜绝蚯蚓逃逸现象。特别是处于产卵阶段的成蚓，总是企图寻找最适合的环境条件以繁殖更多后代，更容易发生逃逸。在有针对性地做好上述多方面的防范措施之后，养殖棚舍内设置夜间灯光照明，是彻底杜绝蚯蚓逃逸的简易有效方法。

6. 防敌害

为了防治寄生性敌害和致病微生物，可采取以下措施：

①使用畜禽粪便（特别是鸡粪、猪粪）作蚯蚓饲料，务必经过充分堆沤、彻底发酵，借助发酵产生的高温杀死粪便中的全部寄生虫卵和幼虫。

②建立检疫制度，种蚓引进、商品蚓售出时，均应经过检验合格。发现用于饲喂畜禽的蚯蚓携带寄生虫时，必须将蚯蚓煮熟或加工成蚓粉，以免造成寄生虫病蔓延。

③被致病菌侵犯的蚯蚓，体软、变色，内脏分解、液化，有臭味；被真菌侵犯的蚯蚓，身体僵硬，呈白色或绿色、黄色，行动呆滞。一旦发现上述症状，立即将病蚓全部清除，更换添加料，并将养殖密度减少，改善饲养环境。

④为了预防蚯蚓患病，可在调制好的添加料中添加0.01%的土霉素，或定期用0.001%的土霉素溶液泼洒饲养床。

7. 清理蚓粪

及时清理蚓粪，防止养殖床酸性化。蚓粪的采收可与蚓体的采收和投喂饲料同时进行。当饲料床已全部粪化时，就应该清粪。

（1）刮皮除心法：当养殖床表层的饲料已粪化时，将新饲料撒在原饲料上面，5～10 厘米厚，然后用草帘覆盖。隔 2～3 天后，趁大部分蚯蚓钻到表面新饲料中栖息，取食时，揭开草帘，将表层新饲料快速刮至两侧，再除去中心粪料，然后把有蚯蚓栖息的新饲料铺放原处。

（2）上刮下驱法：将原饲料从床位内移开，新饲料铺在原来床位内，再将原饲料（连同蚯蚓）铺在新料之上。当蚯蚓被诱集到下部新饲料层后，将上层蚓粪缓慢地逐层刮除。

（3）侧诱除中法：在原饲料床两侧平行设置新饲料床，

经 2～3 昼夜或稍长时间后，成蚓自行进入新饲料床。这时可清除中心部分已粪化的原饲料堆，然后把两侧新鲜饲料合拢到原床位置。

二、阶段管理

对于有一定规模的蚯蚓养殖基地来说，要保证蚯蚓的年总产量，首先要保证不同繁殖期蚯蚓的数量。主要分为繁殖群、扩繁种群、商品群几个阶段进行管理。

（一）繁殖群的管理

繁殖群是商品生产的第一步，因此是最基础的环节。从原种的选代到繁殖生产群的建立存在着一个量的比例关系，这是一个倒算法，应根据繁殖生产群的规模需要，来确定原种选优的数量。一般原种选优和繁殖生产群的比例关系为 1∶8。

繁殖群的组合是按原种代的父系蚓茧和母系蚓茧以 1∶4的比例组合成一个群体进行孵化、培育。为了保证繁殖群的综合优势，繁殖群应每年更换 1 次，如果是全年恒温繁殖，则每年应更换 3 次。为方便操作将每个繁殖群一分为二，即用隔板从中间隔开，这样可以一半用于生产，一半用于育种。既适合大规模生产，又可满足小规模生产的灵活性，还可以出售一部分种蚯蚓。在实际生产中，当发现繁殖池中的生产群产茧率下降时，这时就需要更新，可以马上启动备用育种群（即正在育种期的另一半繁殖地），可将老蚯蚓转入商品生产群中淘汰，并拆除中间隔板加满基料以供种蚓产茧高峰之需。等到其盛产期只剩下两个月左右时，再将繁殖池一分为二，即插上隔板，一半用于生产群生产，一半用于更新基料后转入原种茧进入繁殖群的生产，这样周而复始，循环进行。

1. 繁殖群种蚯蚓的投放密度

一般和温度有着直接的关系，因此不同的温度种蚯蚓投放密度应区别对待。

在高温条件下（一般是指基料内温度达到30℃以上）种蚯蚓的养殖密度小一些，如果配以适当的降温措施，每平方米可养殖种蚯蚓1万～1.5万条。

在常温条件下（一般是指基料内温度在20～30℃）种蚯蚓的养殖密度可比高温条件下要大一些，可掌握在每平方米养殖种蚯蚓2万条为宜。

在低温条件下（一般是指基料内的温度在20℃以下）种蚯蚓的投放密度可以大一些，以每平方米3万条即可。

2. 加强营养

种蚯蚓在产茧期间需要的营养要充足，如果营养跟不上产茧的需要，就会出现产茧的数量减少和蚓茧质量的下降。实践证明，在每次收取蚓茧的前5天投喂高蛋白精饲料为宜。同时为了增加产茧量还需喷施一些激素（即促茧添加剂），实践证明，激素宜在取茧后的第2天喷施。

3. 种蚯蚓的淘汰和更新

一般种蚯蚓可连续使用 2 年，2 年以后种蚯蚓的产茧数量和质量都会明显下降，因此应及时淘汰和更新。具体的淘汰和更新方法可参考以下几种：

（1）人工剔除法：此方法比较直观、简单，易操作，但工作效率低，因此适合小规模实验性养殖或在取茧时一起操作。剔除部分以种蚯蚓身体光泽度低、不太强壮、环带松小，反应迟钝等，剔除后投入商品群之中。

（2）化学剔除法：此方法是借助种蚯蚓对化学药物的刺激反应，将身体强壮的种蚯蚓驱出基料的表面，然后收取继续留作种用；将用药后反应迟缓、驱而不动的种蚯蚓转入商品群中剔除。此方法劳动强度小，效率较高，但用药量要适度，一般用 500～800 倍的“蚯蚓灵”溶液、300～500 倍的生石灰水溶液或 3000～5000 倍的高锰酸钾溶液，均匀喷洒在基料表面，将很快爬出基料表面的种蚯蚓集中起来，并及时用清水冲洗干净后继续作种用。其他种蚯蚓则应剔除，用清水洗干净后，投入商品群中。

（3）生理剔除法：此方法是根据蚯蚓的生理特性即根据蚯蚓的畏光性进行剔除的方法。具体操作方法：首先要设置灯箱。灯箱一般高 20～30 厘米，宽 80 厘米，长度根据需要自己确定，灯箱上面用白色透明玻璃，其他三面可用木板、铁皮等制作。日光灯管设置在灯箱内，要求光线均匀，光线的强度一般可掌握在 50～80 勒克斯。操作时在黑暗环境中进行，可在灯箱下方设置红色电灯，便于观察。

其次选择剔除。将带有种蚯蚓的基料均匀铺在灯箱的玻璃板平面上，一般厚度为3～5厘米。强壮的种蚯蚓很快钻出基料表面，收集后继续留作种用；对光线反应迟缓的剔除后转入商品群中养殖。

（二）蚓茧孵化管理

收集蚓茧，及时转入孵化床和精心培育幼蚓，是蚯蚓饲养管理的重要环节，也是扩大蚯蚓群体繁殖效果的有力保证。

1. 蚓茧孵化条件

（1）温度：温度是影响蚓茧孵化效果的决定性因素之一，直接关系到孵化时间、孵化率和出壳率。以赤子爱胜蚓为例，环境温度为10℃时，需65天才能孵出幼蚓；温度15℃时，仅需31天，孵化率为92%，平均每枚蚓茧可孵出幼蚓5.8条；温度20℃时，19天可孵出幼蚓；温度25℃时，17天孵出幼蚓；温度32℃时，仅需11天便可孵出幼蚓，但孵化率下降至45%，平均每枚蚓茧仅孵出2.2条幼蚓。可见温度越高，孵化所需的时间越短，但孵化率、出壳率相应下降。蚓茧孵化的最佳温度为20℃，幼蚓出壳后应立即转入25～32℃环境中饲养。

当温度降至8℃时，蚓茧便停止孵化，故8℃被称为基础温度，8℃以上为有效温度。蚓茧积温（指每天扣除8℃以下的无效温度后逐日积累有效温度的总和）达到235℃时，便能孵出幼蚓。为了提高孵化率，缩短孵化时间，应在孵化初期将环境温度控制为 15℃，以后定期升高 2～4℃，直至 27℃止。

（2）湿度：孵化床的含水率为 33%～37%，床面覆盖稻草。夏季每隔 3～4 天浇水 1 次，冬季每 7 天浇水 1 次。水滴宜细小而均匀，随浇随干，不可有积水。

（3）通气：孵化前期，蚓茧需氧量不多；中后期，必须通过茧壳的气孔进行气体交换，故供氧日益重要。为此，前期采用原料埋茧，中后期改为薄料，以增加空气通透性，有利于提高孵化效果。

（4）光照：在蚓茧孵化后期，当积温达到 190～215℃时，分别给予 2 次阳光照射，每次 5～8 分钟，可以激化胚胎，使幼蚓出壳早，整齐一致。

2. 蚓茧收集

向种蚓饲养床投放添加料养殖 3～4 个月后，基料表面已经基本粪化，其中含有大量有待孵化的蚓茧。为了做好蚯蚓繁殖工作以扩大种群，必须及时收集蚓茧并做好孵化工作。每年 3～7 月和 9～11 月是繁殖旺季，每隔 5～7 天，从种蚓饲养床刮取蚓粪和其中的蚓茧。为了将蚓茧与蚓粪进行分离，可采用下列操作方法。

（1）网筛法：将从饲养床表面逐层刮取的蚓粪与蚓茧的混合物，一并倒入底部网眼规格为 1.2 厘米×1.2 厘米的大木框中，在阳光或灯光照射下，驱使成蚓钻入下层，通过网眼跌入底部收集容器中；而将上部的蚓粪、蚓茧混合物用刮板刮入运料斗车中，移送至孵化设施。30～40 天后，蚓茧全部孵化，幼蚓长大但尚未性成熟，继续采用上述网筛法，将幼蚓与蚓粪分离。幼蚓转入新的饲养床，蚓粪经过摊晾、风干、检验、包装，作为商品肥料售给果园、花卉种植者。

（2）料诱法：当种蚓饲养床的基料基本粪化后，停止在表面投料，改在饲养床两侧加料。于是床内蚯蚓被诱至两侧新料中采食。待旧料中的蚯蚓尚存很少时，将旧料连同大量蚓粪、蚓茧全部铲走、清除，移送至孵化床。待幼蚓孵出后，投放至下层新饲料中，将上层蚓粪用刮板刮取，经风干、过筛、包装即为商品肥料。

（3）刮粪法：这是最简便的方法，即采用阳光或灯光照射，驱使畏光的蚯蚓潜入饲养床深处。然后用刮板将上部蚓粪连同蚓茧一并刮取，转入孵化床孵育幼蚓。再按同样方法将幼蚓与蚓粪分离。

3. 幼蚓孵化

按以上方法收集蚓茧后，采用以下措施进行孵化、培育。

（1）床式孵化法：将收集的蚓茧连同少许蚓粪移至孵化床，铺开、摊平，每平方米蚓茧密度宜为 4 万～5 万枚。孵化床长度不限，宽度 30～40 厘米，两床之间开设条状沟，沟宽 8～10 厘米，沟中铺放蚯蚓嗜食的细碎饲料，作为幼蚓的基料和诱集物。孵化床表面覆盖草帘或塑料薄膜，以利床面保温、保湿。孵化过程中，用小铲轻轻翻动蚓茧、蚓粪 1～2 次，条状沟内的基料则不必翻动，浇淋适量水，使之与较平的床面形成一定的湿度差，利用蚯蚓喜湿怕干的习性，诱集刚孵出的幼蚓尽快进入基料沟内而与床面蚓粪分离。

（2）堆式孵化法：如果场地有限或缺乏摊晾分离条件，可采用此法。选择阴凉、潮湿、无光照的场地，开好排水沟，地面铺放塑料薄膜。将蚓茧连同蚓粪堆积于薄膜上呈馒头状，每堆高 30 厘米，埋设 1 个竹篾或铁丝网编成的幼蚓诱集笼，其中放置蚯蚓嗜食的烂水果、烂香蕉之类香甜诱料。如果堆得较高，为了通风透气，可在堆中插入若干个竹筒（打通竹节，筒身钻有多个孔眼）。

在 18～28℃温度条件下，40 天后可从诱集笼中获得大量刚孵出的幼蚓。如发现孵化床中尚有少量幼蚓，再埋入诱集笼，5～7 天后取出，诱集率可达 95%。

（3）盆、钵孵化法：经过人工拾拣或网筛处理所得的蚓茧含蚓粪等杂质较少，可采用此法。先在小型盆、钵中放入已发酵腐熟、含水率为 60%的基料，厚度 10 厘米。然后将日龄相近的蚓茧均匀地摊铺于基料上面，蚓茧上覆盖 5 毫米厚的细土，表面盖一层卫生纸，喷水淋湿纸面。将盆、钵移置于阴暗的室内，保持室温 20～30℃，每天洒水保湿。15 天后即可孵出成批幼蚓，转入饲养床培育。据试验，采用此法可使蚓茧孵化率提高 20%～30%，平均每枚蚓茧孵出幼蚓 3.8 条，比常规的自然孵化法（平均 2.5 条）提高 52%。

4. 幼蚓培育

饲养前期，幼蚓体小，放养密度为每平方米 4 万～5 万条。基料厚度为 8～10 厘米，力求营养丰富、品质细软、疏松透气，以和幼蚓消化吸收。当基料表层大部分粪化时，及时清除蚓粪，将饲养床成倍扩大，以降低密度。同时补充添加料，其湿度通过经常洒水保持为 60%。每隔 7 天耙松基料 1 次，隔 10～15 天清粪、补料 1 次，补料宜采用下投法。

饲养后期，是指 1 月龄幼蚓的饲养管理。这期间幼蚓生长迅速，活力增强，需要供给大量养分和空气。为此，应增加清粪、补料、翻床次数。基料厚度增为 15 厘米，每隔 7～10 天清粪、补料、翻床 1 次，方法同上。20 日龄时，酌情降低养殖密度，每平方米有幼蚓 2.5 万～3 万条即可。

（三）扩繁群的管理

扩繁群是为了满足商品种蚯蚓生产而扩大的种群，因此也称为生产种群。扩繁群是大规模生产商品蚯蚓的基础，是种群繁殖和商品繁殖的中间环节，搞好扩繁群具有十分重要的意义。

1. 扩群繁殖与其他繁殖群之间的比例关系

扩群繁殖的规模是由生产商品蚯蚓的产量决定，因此，从原种繁殖到种群繁殖再到扩群繁殖，最后到商品繁殖存在一定的比例关系。最好采用倒推法，即商品繁殖与扩群繁殖的比例为 20∶1，扩群繁殖与种群繁殖的比例为10∶1，种群繁殖与原种繁殖的比例为 5∶1。

2. 不同季节的管理

不同季节应采取不同的管理措施，以保证扩群繁殖的正常进行。

（1）春季：当地温高于14℃以后，蚯蚓开始醒眠活动。由于春季昼夜温差较大，倒春寒时有发生，尤其是野外养殖蚯蚓，在寒流到来之前或温度较低的晚上要注意采取保温措施，如覆盖塑料薄膜、农作物秸秆等。

（2）夏季：夏季气温比较高，日照光线比较强，因此应注意降温，如增加喷水次数、覆盖植物或增设遮阳网等措施。同时还应更换新基料，在基料中增加枝叶类植物，以提高基料的通气性，增加溶氧性。还应在基料中喷施“益生素”，以增加基料中有益菌的种类和数量，抑制有害菌的发展。

（3）秋季：秋季雨水比较多，要注意防水排涝，防止蚯蚓长期浸泡在水中。秋末气温下降，要适当搞好保温，尤其是夜晚一定要有保温措施。

（4）冬季：当气温低于10℃时，蚯蚓将逐渐进入冬眠，可将基料集中起来，堆集厚度可达到50厘米，使蚯蚓集中冬眠。如果气温低于10℃时，应在集中堆集的基料上加盖塑料薄膜。要随时观察基料10厘米深度的温度，以1～3℃为宜，绝对不能低于0℃，否则蚯蚓就有可能冻死。

（四）商品群的管理

商品繁殖实际上是扩群繁殖的再扩群，其繁殖生产的小蚯蚓直接用于商品投放市场销售，在生产管理上相对扩群繁殖种群繁殖和原种繁殖要粗放简单一些。

1. 养殖密度

养殖密度一般是根据气温的不同有所区别：气温在10℃左右的，应采取增温保暖措施，使温度不低于13℃，每立方米基料可养殖蚯蚓10万条左右；气温在15～25℃的，每立方米基料可养殖蚯蚓8万条左右；气温在25℃以上的，应采取防暑降温措施，每立方米基料可养殖蚯蚓6万条左右。

2. 生产管理

商品蚯蚓繁殖虽然管理比较粗放，但由于养殖的密度较大，因此要注意及时收取蚓茧，增强基料的透气性和伴随着喷水增施“益生素”等措施。

三、做好饲养管理记录

在整个养殖过程中，要定时观察蚯蚓的生长发育、交配繁殖情况，并认真做好饲养管理记录。记录本采用表格式逐日记载，妥善保存，以便日后总结经验教训，检查存在问题，改进饲养管理。表格中应当按饲养床（箱、槽、池）编号，列出饲料种类、投喂方法、日采食量、蚯蚓体重、交配日期、产茧日期、蚓茧产量、孵化日期、孵化率、室温和湿度、基料温度和湿度及 pH、月增重等重要数据。观察结果逐项记录于表 6-1。表中所列项目仅供参考，也可根据实际情况和养殖者的要求，增减观察项目。

表 6-1　饲养蚯蚓观察记录

年　　月　　日

项　　目	养殖箱（床、地、槽、沟）编号										
	1	2	3	4	5	6	7	8	9	10	……
饲料种类											
投喂饲料方法											
日食量											
蚓体重											
交配日期											
产蚓茧日期											
产蚓茧量（个）											
孵化日期											
孵化率（%）											
室内温度（℃）											
室内相对适度（%）											
土壤湿度（%）											
土壤温度（℃）											
土壤饲料氢离子											
浓度（纳摩/升）											
月增重（克）											

第7章

蚯蚓的病虫害防治

蚯蚓具有较强的抗病菌、抗病毒的能力，这与蚯蚓体内蚓激酶的活性以及蚯蚓全信息的特性有直接的关系。但在人工养殖的高密度环境中，如果管理不当，有害气体增多，生态环境恶化，蚯蚓的抗病能力就会下降，也会导致一些病害的发生。

一、蚯蚓的疾病种类

蚯蚓的病害大体上可分为两类：一是基料本身的病虫害危及到蚯蚓；二是蚯蚓本身导致的病虫害。

1. 细菌性疾病

细菌性疾病是一种传染性疾病，蚯蚓直接感染的机会很小。往往是由于管理不当，造成蚯蚓的抗病能力下降，又通过基料、饲料等媒介作用或其他带菌寄生虫感染，从蚯蚓的消化系统侵入体腔而致病。被感染的细菌多为沙雷铁氏菌属、球菌属以及杆菌属，如灵菌、链状球菌、杀螟杆菌、苏云金杆菌、乳状杆菌等。主要症状表现为染病后蚯蚓身体软化、变色，内脏常分解液化、有臭味。一般情况下细菌性疾病病程比较短，突发性强，死亡率高。如果养殖环境及基料运转过程中缓冲能力较平稳不会造成灾难性死亡；如果能够早发现、早治疗，那么就既容易控制，也不会大面积或普遍性患病。

2. 真菌性疾病

蚯蚓的生存环境以及所寄生的植物性基料都比较适宜真菌的生存、繁衍。在空气中就有真菌的孢子，这种真菌的孢子一旦遇上适应的气候，即可在植物载体上蔓延、代谢，由于真菌还具有较强的分解纤维素的能力，植物的茎叶中纤维素给真菌的繁衍带来了足够的营养，它们在吸收营养的同时，还会封闭基料通道，吞噬具有良性缓冲作用的其他微生物，严重破坏基料的微生态平衡，使蚯蚓的生存环境受到严重威胁。另外，真菌还可以通过蚯蚓体壁侵入蚯蚓体内，在蚯蚓体内生长繁殖，最后以菌丝穿出体壁，产生孢子。被感染的真菌大多为藻状菌纲和子囊菌纲。主要症状表现为蚯蚓在白天爬到饲养基料表面，行动呆板，身体僵硬，呈白色、绿色、黄色等，多为白僵菌、蚜霉菌等感染。

3. 病毒性疾病

病毒性疾病是一种传染性比较强的疾病。造成蚯蚓病毒性疾病的大多是蚯蚓取食含有病毒的饲料，基料中含有病毒以及接触到携带病毒的蚯蚓、蚯蚓死尸或排泄物而被感染。主要症状表现为身体暗淡，行动迟缓，白天常滞留于基料四周等。

4. 生态性疾病

生态性疾病就是蚯蚓所生存的环境中，生态及微生物失去或部分失去平衡，从而引发蚯蚓体液失衡、酸碱失衡、内分泌代谢失衡等一系列生理功能性病变。

5. 寄生性疾病

寄生性疾病是由寄生虫对蚯蚓的影响造成的疾病，主要有寄生虫寄生于蚯蚓体内而引起的疾病和寄生虫寄生于基料中而间接对蚯蚓的危害。

二、常见病害防治

1. 细菌性疾病的防治

（1）细菌性败血病

发病原因：细菌性败血病是由败血性细菌沙雷铁菌属灵菌，通过蚯蚓体表伤口侵入血液，并引起大量繁殖而损伤内脏，导致死亡。镜检发现病原菌可确诊。

表现症状：发病初起，采食量下降，行动迟缓。发病中后期，则表现为上吐下泻，身体肿胀，最后死亡。

防治方法：

方法一：用 200 倍“速康”溶液全池进行喷洒消毒，每 5 天 1～2 次即可灭菌。

方法二：用 200 倍“病虫净”溶液全池进行喷洒消毒，每周 2～3 次即可灭菌。

（2）细菌性肠胃病

发病原因：细菌性肠胃病是由球菌如链状球菌在蚯蚓消化道内引发的一种散发性细菌病，此病多发生于高温高湿的环境中。

表现症状：蚯蚓得病初期，蚯蚓食欲减退或废食，部分瘫痪在基料表面。镜检在肠液内发现有球菌可确诊。

防治方法：

方法一：将病群蚯蚓放入 400 倍的“速康”溶液中，

浸泡1～2分钟，剔除死亡者后，投入新基料内继续养殖。

方法二：将病蚯蚓置于400倍的“病虫净”溶液中，并在容器内斜放入一木板，让蚯蚓浸液消毒后顺木板爬出液面，收取投入新基料中，凡无力爬出者均视为不可治者，应废除。

2. 真菌性疾病的防治

（1）白僵病

发病原因：白僵病是由白僵菌感染所致。一般情况下该病不会对蚯蚓构成群体性威胁，但是当白僵菌大量繁殖时，由于分泌出一定量的毒素，其对蚯蚓是致命的，因此，也不能掉以轻心。

表现症状：发病初期，蚯蚓体节呈现出点状坏死，病灶处逐渐被白色气生菌丝包裹，后期蚯蚓断裂，僵硬死亡。病程一般7天左右。

防治方法：

方法一：用200倍“消毒灵”溶液喷洒蚯蚓，全面进行消毒灭菌，并及时更换基料，清除发病源。

方法二：用100倍“病虫净”溶液喷洒消毒。

（2）绿僵菌孢病

发病原因：绿僵菌孢病是绿僵菌，该病发作于春、秋温度偏低的季节，一般在蚯蚓的血液中萌发，生出菌丝，使蚯蚓机体功能失衡，最后死亡。

表现症状：发病初期无明显症状。当发现蚓体表面泛白时已是得病后期，基本上都会死亡。表现为尸体白而出现干枯萎缩环节，口及肛门处有白色菌丝伸出，并逐渐布满尸体表面。

防治方法：首先应注意基料的消毒处理，并在基料进行发酵处理时用500倍“消毒灵”溶液喷施，可收到较好的效果。其次治疗方法基本上和“白僵病”相同。

3. 生态性疾病的防治

(1) 毒素或毒气中毒症

发病原因：一是基料发酵不彻底，使用后由于继续发酵而产生有毒气体，如硫化氢、甲烷等；二是基料使用过久，其透气性降低，使蚯蚓缺氧，同时厌氧性腐败菌、硫化菌等毒菌发生作用。

表现症状：发病初期，大量蚯蚓涌出基料，有逃离趋势；继而背孔溢出黄色液体，迅速瘫痪，成团死亡。

防治方法：

一是注意基料的发酵完全性，防止在使用时基料的二次发酵。

二是注意基料的生态平衡，及时更换新基料，防止基料长期未更换而降低透气性。

三是注意蚯蚓养殖环境通风性，一旦产生毒气能够及时向外散发。

(2) 缺氧症

发病原因：粪料未经完全发酵，产生了超量氨、烷等有害气体；环境过干或过湿，使蚯蚓表皮气孔受阻；蚓床遮盖过严，空气不通。

表现症状：蚯蚓体色暗褐无光、体弱、活动迟缓，这是氧气不足而造成蚯蚓缺氧症。

防治方法：此时应及时查明原因，加以处理。如将基料撤除，继续发酵，加缓冲带。喷水或排水，使基料土的湿度保持在30%～40%，中午暖和时开门开窗通风或揭开覆盖物，加装排风扇，这样此症就可得到解决。

（3）食盐中毒症

发病原因：蚯蚓摄入的基料或饲料含有1.2%以上的盐分，就会引起中毒反应。造成含盐高的原因：一是腌菜厂、酱油厂等废水、废料；二是饭店潲水等含盐较高而用作基料或饲料。

表现症状：蚯蚓食盐中毒后，首先表现为剧烈挣扎，很快趋于麻痹僵硬。体表无明显不良症状，如果及时加工还可以作为商品使用。

防治方法：

方法一：查找发病原因，及时更换含盐较高的基料或饲料，并用清水泼洗。

方法二：如果中毒面积大并且比较严重，则应将基料全部浸入清水中，并将基料清除后，更换1～2次清水，取出蚯蚓，放入新鲜基料中继续养殖。

（4）酸中毒症

发病原因：基料或饲料中含有较高淀粉和碳水化合物等营养物质，这些物质在细菌的作用下极易使基料和饲料酸化。蚯蚓长期食用被酸化的基料和饲料，身体内的酸碱度就会失去平衡，其恶化的结果形成胃酸过多症。

表现症状：发病初期表现为食欲减退，体态瘦小，基本上停止产茧。如果基料中酸性物质较多（pH 低于 5），蚯蚓就会出现全身性痉挛，环节红肿，体表液增多。严重时表现为体节变细、断裂，最后全身泛白而死亡。

防治方法：

一是用清水浇灌基料，将基料中酸性物质排出，注意基料的通风透气。

二是根据酸性的 pH 程度，用一定量的苏打水或熟石灰进行喷洒中和。

三是彻底更换基料。

（5）碱中毒症

发病原因：一是在基料发酵时加入过多的生石灰或在消毒时用过量的“消毒灵”；二是基料底部长期沉淀，造成透气性差，使下层氨氮积聚过量，pH 上升。

表现症状：发病初期，蚯蚓钻出表面，不吃不动。继而全身水肿，最后体液由背孔流出而僵化死亡。

防治方法：

一是用清水浇灌基料，将基料中的碱性物质排出，注意冲洗时基料的通风透气。

二是根据碱性的 pH 程度，用一定量的食用醋或过磷酸钙细粉喷洒中和。

三是彻底更换基料。

（6）蛋白中毒症

发病原因：饲料中含有大量淀粉、碳化水合物，或含盐分过高，经细菌作用引起酸化，导致蚯蚓胃酸过多。

表现症状：蚯蚓的蚓体有局部枯焦，一端萎缩或一端肿胀而死，未死的蚯蚓拒绝采食，有悚悚颤栗的恐惧之感，并明显出现消瘦。

防治方法：

一是发现蛋白质中毒症后，要迅速除去不当饲料，加喷清水，钩松料床或加缓冲带，以期解毒。

二是彻底更换基料。

三是在基料中增加纤维性物质，清除重症蚯蚓。

（7）水肿病

发病原因：因为蚓床湿度过大，饲料 pH 过高而造成。

表现症状：蚯蚓身体水肿膨大、发呆或拼命往外爬，背孔冒出体液，滞食而死，甚至引起蚓茧破裂或使新产的蚓茧两端不能收口而染菌霉烂。

防治方法：这时应减小湿度，把爬到表层的蚯蚓清理到另外的池里。在原基料中加过磷酸钙粉或醋渣、酒精渣中和酸碱度，过一段时间再试投给蚯蚓。

4. 寄生性疾病的防治

寄生性疾病主要寄生在蚯蚓食道、体腔、血管、精巢、受精囊孔、贮精囊以及蚓茧中的原生动物门的簇虫类，扁形动物门的吸虫类和绦虫类，圆形动物门的线虫类，节肢动物门昆虫纲的一些幼虫。除昆虫纲的幼虫外，大部分寄生虫以蚯蚓体为栖息场所，吸取蚯蚓的体液，在蚯蚓体内完成一定的生长发育阶段，从而对蚯蚓的生长发育造成影响。更重要的是蚯蚓成为这些寄生虫的中间宿主，成为多种疾病的传播者，对家畜、家禽和人类健康造成危害。因此，要加强对基料和饲料的管理，将防与治结合起来，重点做好以下几方面工作：

一是基料中使用的畜禽粪便一定要经过堆积高温发酵处理，将寄生虫、虫卵通过高温杀死；蚯蚓选用的饲料也要经过严格消毒，必要时采用高温加热，杀死寄生虫。

二是蚯蚓养殖场要远离畜、禽养殖场，防止畜禽粪便直接进入蚯蚓养殖场而被蚯蚓误食，造成寄生虫大量繁殖。

三是发现寄生虫要及时治疗，一般用 400 倍“病虫净”，每隔 2～3 天喷洒一次，连续喷施 3～4 次，即可杀灭。

四是做好定期检疫工作。对基料和蚯蚓体定期进行检查，发现有寄生虫时，根据发生情况，采取杀灭措施。

三、天敌的防犯

蚯蚓的天敌包括捕食性和寄生性两大类动物。前者有哺乳类、鸟类、爬行类、两栖类、节肢动物和环节动物等，后者有绦虫、线虫、簇虫、寄生蝇类、螨类及病菌等。对蚯蚓危害较大的有鼠、蛇、蛙、蟾蜍、蚂蚁、蜈蚣、蟑螂、蝼蛄、蜘蛛和蛞蝓等。可根据其活动规律和生理习性，本着“防重于治”的方针，有针对性地防治以下敌害。

1. 鼠、蛇、蛙类

在养殖舍内堵塞漏洞，加设防护罩盖。

①室内墙壁角要硬化，不留孔洞缝隙，出入的门要严密，以免鼠、蛇、蛙类入内。门、窗和饲养盆加封铁窗纱，经常打扫饲养室，清除污物垃圾等，使鼠、蛇、蛙类无藏身之地。

②一旦发现可用人工捕杀，或在棚舍四周撒布生石灰形成一道防线，防止它们窜入饲养床危害蚯蚓。

2. 蜈蚣、蝼蛄、蛞蝓

利用它们夜间觅食的特性，于晚上 9～10 时人工捕捉，或在其活动处撒布高锰酸钾予以杀死。

3. 螨虫的诱杀

①将油炸的鸡、鱼骨头放入饲养池，或用草绳浸米泔水，晾干后再放入池内诱杀螨类，每隔 2 小时取出用火焚烧。也可用煮过的骨头或油条用纱网包缠后放在盒中，数小时后将附有螨虫的骨头或油条拿出扔掉即可，能诱杀90％以上的螨虫。

②把纱布平放在地面，上放半干半湿混有鸡、鸭粪的土，再加入一些炒香的豆饼、菜籽饼等，厚 1～2 厘米，螨虫嗅到香味，会穿过纱布进入取食。1～2 天后取出，可诱到大量的螨虫。或把麦麸泡制后捏成直径 1～2 厘米的小团，白天分几处放置在养殖盘表面，螨虫会蜂拥而上吞吃。

过1～2小时再把麸团连螨虫一起取出，连续多次可除去70%的螨虫。

4. 蚁害的防治

(1) 诱杀法

①在养殖场四周挖水沟阻止蚂蚁进入，也可以在养殖场四周撒上3%的氯丹粉阻止蚂蚁进入。

②找到蚁窝，在蚁窝附近，放置煮熟的动物骨头，诱来大批蚂蚁，然后将附满蚂蚁的骨头用钳夹起，扔进煤油桶中杀死，或直接投入火中烧死。这种方法，只能杀灭部分蚂蚁，远远达不到根绝目的，可减轻蚁害。但是，这种方法方便易行，且适宜在敞地进行，又对蚯蚓不产生危害。

③取硼砂50克，白糖400克，水800克，充分溶解后，分装在小器皿内，并放在蚂蚁经常出没的地方，蚂蚁闻到白糖味时，极喜欢前来吸吮白糖液，而导致中毒死亡。

④用慢性新蚁药“蟑蚁净”放置在蚂蚁出没的地方，蚂蚁把此药拖入巢穴后，2～3天后可把整窝蚂蚁全部杀死。

(2) 熏蒸

对于没有放养种蚯蚓的蚯蚓房（新建蚯蚓房或迁出后的空房），用磷化铝片封闭熏蒸，几个小时后，再开门通风、清除污气，即可达到灭蚁的目的。由于此气对人、蚯蚓均有害，所以必须小心使用。这种方法可以达到斩草除根的效果。

(3) 灌穴

对于能迅速、准确找到蚁穴的情况，也常采取药灌蚁穴的方法进行堵洞灭蚁。用除虫净原液灌入蚁穴，即可在短时间内杀灭蚂蚁及蚁穴中的蚁卵，达到根除。但是，由于除虫净也可毒杀蚯蚓，因此，灌穴时必须距蚯蚓窝 50 厘米左右，灌后立即用塑料膜封盖洞穴，既可防止蚂蚁爬出逃脱，又可防止蚯蚓与之接触而受到影响。这种方法可在几种饲养类型中采用。

（4）生石灰驱避法

①可在养殖蚯蚓的缸、池、盆等器具四周，每平方米均匀撒施 2～3 千克生石灰，并保持生石灰的环形宽度 20～30 厘米，利用生石灰的腐蚀性，对蚂蚁有驱逐作用，并且蚂蚁触及生石灰后，体表会沾上生石灰而感到不适，使蚂蚁不敢去袭击蚯蚓。

②蚂蚁惧怕西红柿秧的气味，将藤秧切碎撒在养殖池周围，可防止侵入。

5. 壁虱的防治

壁虱又名粉螨，在高温、高湿、饲料丰富的环境中繁殖极快。它们叮咬蚯蚓，使之消瘦致死。防治壁虱，可取一块有色塑料薄膜铺放于饲养床基料上，几分钟后壁虱便爬到薄膜上。于下午 3 时以后、气温 20℃以上时，喷洒 0.5%的敌敌畏药液，用塑料薄膜覆盖。如发现少数壁虱尚未杀死，再喷洒三次药液。最后将被药液污染的表层基料清除、摒弃，以免危害蚯蚓。

6. 红蜘蛛

如基料表面肉眼可见大量红蜘蛛，即喷施 0.5%的敌敌畏药液予以杀灭。

第8章 采收与运输

养殖蚯蚓的目的多种多样，或为获得蛋白质，或为处理公害，解决垃圾污染等等。正如我们前面所说，蚯蚓是一种优质的蛋白质饵料和饲料，而蚓粪又是极佳的优质肥料，因此，要随时采收蚯蚓和蚓粪。蚯蚓采收的时间，常因养殖的种类和饲养条件而异。从蚓茧孵化到蚯蚓性成熟，在一般条件下大约经4个月左右，即当蚯蚓环带明显，生长缓慢，饲料利用率降低后，便可采收，这也是采收蚯蚓的较适宜时期。另外，蚯蚓还有成蚓与幼蚓不愿在一起同居的习性。当幼蚓从蚓茧大量孵出后，成蚓便会自动移居到其他饲料层或大量逃出。所以当发现有大量幼蚓从蚓茧内孵出就必须马上将成蚓及时采收。

一、饲料性采收

蚯蚓用作饲料时，其采收方法很多，要根据蚯蚓的养殖形式、场地、设施，以及蚯蚓怕水、怕光的生活习性等条件采取相应措施，各地可根据自己的实际情况，选取适当的采收方法。现介绍几种采收方法，供养殖者参考。

1. 翻箱采收法

采用箱、筐、盆、钵等小型容器养殖蚯蚓时，可将容器移至阳光下照晒片刻，蚯蚓会因避光而纷纷钻入容器底部。这时以轻盈快捷的动作将容器翻转扣于地面，立即取走容器，聚集成团的蚯蚓便暴露于表面而被大量收集。

2. 光驱诱集法

在室内的饲养床（箱、池）养殖的胜蚓可运用此法采收。利用蚯蚓畏光的特性，在阳光或灯光照射下，饲养床（箱、池）表面的成蚓纷纷潜入下层基料，用板子逐层刮去基料及蚓粪直至基料的底部，便可将聚集成团的蚯蚓收集，置于孔径 2～5 毫米（视成蚓品种、体形大小而定）的框式网筛中，网筛下设置收集容器。再对蚯蚓施加光照，网筛中的蚯蚓便自动钻过网孔而落入下面的收集容器中。此法可使成蚓与蚓粪、基料彻底分离，采收率甚高。

3. 筛选法

自制两个大小相同的筛，两个筛面采用大小不同的筛孔，一个 3 毫米，一个 1 毫米，然后用合页折叠起来，上孔大下孔小，将大小蚯蚓、蚓粪、饲养基一起倒入。将筛放在日光或灯光下（最好是蓝光或紫外线光，因蚯蚓最怕蓝光和紫外线光），使蚯蚓钻过筛孔落到细筛上，小蚯蚓则再通过细筛孔落到下面的容器里，这样剩在筛具上面的是蚓粪和土，这种方法劳动强度小，适合室内使用。

4. 筛取法

将架床上的蚯蚓、蚓粪倒入 3 毫米筛孔的筛子上，来回振动，将蚓粪、蚓卵筛漏到下边的容器里，再将剩在筛上的成蚓采收下来。

5. 犁耙法

用一块木板钉上 1～2 寸的铁钉，比建筑工地上除铁锈的钢刷略大一些，装上手柄，铁钉像耙齿一样，用自制手耙轻轻地疏松饲养基，迫使蚯蚓向下层钻，这时可取上层蚓粪，逐层向下刮取，最后剩到床架底部的蚯蚓可集中采收。

6. 坑床直取法

此法适用于浅坑养殖法（0.5 米左右的浅坑养殖），如大小蚯蚓混养须先将上层含卵蚓粪分开，然后将基料均匀翻松移到一边，蚯蚓便会向下层钻去，然后一层一层将基料移到一边，如果有多个养殖坑排在一起，可一个一个地交替着分层进行，这样可大大地提高劳动效率。如果大小混养，须留下适量的后备蚯蚓，要做好加料、洒水、覆盖工作。天气好的情况下，20 天左右可采收一次。这种采收方法的优点是能够在养殖坑内完成提取蚯蚓的全部工序；缺点是如大小混养不易取小留大。

7. 机械分离采收法

机械分离采收法是通过机器的筛选过程，一次性将蚓粪、蚓茧、幼蚓、成蚓逐一分离出来，提高了劳动效率，减少了劳动强度。

二、药用蚯蚓的采收

药用蚯蚓的采收和饲料蚯蚓的采收最大的区别在于药用蚯蚓要求蚯蚓的完整性和不能掺入其他药物。以下提供几种参考方法。

1. 食物诱捕

蚯蚓喜欢吃酸、甜、腥的食物，利用这一习性在饲养基表面放上烂西红柿、烂苹果、西瓜皮等，喷糖水或煮红薯水，拌腐熟的牛粪或洗鱼水等蚯蚓喜欢吃的食物。蚯蚓嗅觉很灵，会大量爬出土表吃食，可把它们集中起来采收。

2. 翻箱法

此法适用于箱式养殖，利用蚯蚓怕光的习性，将饲养箱逐个灯光照射或搬到室外用太阳光照射，蚯蚓很快钻入箱底，然后倒翻饲养箱，集中在底部的蚯蚓露在表面，迅速地刮出采收。

3. 早取法

蚯蚓有晚上出洞觅食的习性，在人工养殖条件下，环毛蚓在每天晚上 9 点钟左右开始外出活动，有的爬行，有的摄食，直至天明之前才陆续归洞。因此，如在清晨三四点钟收取蚯蚓，效果最好。

4. 红光夜捕法

在室外、田间养殖的威廉环毛蚓、湖北环毛蚓等，可采用此法采收。夜间，上述蚯蚓喜爬出地面觅食、活动。利用这一特性，在凌晨 3～4 时携带红灯或弱光电筒，在蚯蚓出没处，往往可采收到不少数量的蚯蚓。

5. 水驱法

适于田间养殖。在植物收获后，即可灌水驱出蚯蚓；或在雨天早晨，大量蚯蚓爬出地面时，组织力量，突击采收。

6. 干燥逼驱法

对旧饲料停止洒水，使之比较干燥，然后将旧饲料堆集在中央，在两侧堆放少量适宜温度的新饲料，约经两天后蚯蚓都进入新饲料中，这时取走旧饲料，翻倒新料即可捕捉。

7. 电热法

此法适用于小型箱式养殖。利用理发用的电热吹风机在养殖箱上反复吹动，利用蚯蚓怕热喜安静的习性，迫使蚯蚓钻入箱底，这时可刮出上层蚓粪，再倒翻饲养箱，采收集中在箱底的蚯蚓。

三、蚓粪的采收

蚓粪是当今市场上畅销的优质商品肥料，是养殖蚯蚓的又一项重要收入。及时采收蚓粪，上市后不仅可以增加销售收入，而且还有利于改善饲养环境，进一步促进蚯蚓的生长繁殖。

蚓粪的采收，大多与采收蚯蚓同时进行。这里介绍几种专门采收蚓粪的方法。

1. 刮皮除芯法

此法可结合投喂饲料时使用。当发现表面饲料已经全部粪化时，应再在基料上投放饲料，并用草苫覆盖。2～3天后，当大部分蚯蚓由下而上钻到表层新鲜的饲料中摄食时，揭开草苫，将表层15～20厘米厚的饲料及基料刮到两侧，并将下层已经粪化的旧基料全部取出，最后将刮到两侧的饲料及基料再填加一些新基料一起均匀铺放于中间位置。取出的旧基料中如混有少量蚯蚓，可按上面所述的方法将蚯蚓和蚓粪分离。如果还含有大量蚓茧，则应将蚓茧排成10厘米厚，待其风平至含水率40%时，利用孔眼直径为2～3毫米的网筛加以振动筛选，将位于筛网上的蚓茧转入孵化容器中，喷水至含水率60%，使其孵化出幼蚓。

2. 上刮下驱法

此方法可与下投饲料方法结合进行，即当采取下投饲料方法时，将上层蚓粪缓慢地逐层刮除，蚯蚓在光照下会逐渐下移至底层。采收成蚓时也可采用这种方法。

3. 侧诱除中法

此法可与侧投饲料的方法相结合。当采用侧投饲料饲养蚯蚓后，蚯蚓多被引诱集中到侧面的新饲料中，这时可将中心部分已粪化的原饲料堆清除去，然后把两侧新鲜饲料合拢到原床位置。除去的蚓粪的处理方法与刮皮除芯法相同，不过采用这种方法清出的蚓粪残留的幼蚓较多，应辅以上刮下驱方法将幼蚓驱净。在采用上述方法收集到的蚓粪中往往有许多蚓茧，必须对蚓粪进行处理。一是可将收集到含有蚓茧的蚓粪直接作为孵化基进行孵化，待蚓茧大量孵出，并达到 1 个月以上的时间时，再采用上述方法把蚓粪清除。二是可将已收集到含有蚓茧的蚓粪摊开风干，但勿日晒，至含水量 40%左右时，用孔径 2～3 毫米的筛子，将蚓粪过筛；筛上物（粗大物质和蚓茧）即加水至水量为 60%左右，待孵化。经筛选后的蚓粪含水率 40%，可用塑料袋（但不要用布袋）盛装。

4. 茶籽饼液浸泡分离法

此方法操作简便，劳动强度小，其操作要点如下：

①将茶籽饼捣碎，加入 10 倍重量的清水，水温在 20℃时，要求浸泡 24 小时，如果水温高可适当减少浸泡时间，取上层浸出液作为蚓、粪分离液。使用前将原液加清水稀释 3 倍，装于大口径陶缸或盆中备用。

②把待分离的蚯蚓与已粪化的旧基料混合物倒入具有孔眼的容器内。容器可利用铁丝或竹篾编制而成，长 50 厘米，宽 15 厘米，高 50 厘米，以能容纳 20 千克蚓粪为宜。在容器四周、底部均有孔眼，直径为 2～3 毫米，以成蚓能顺利钻过为宜。

③将盛装 15～20 千克蚯蚓与蚓粪混合物的上述容器迅速置于陶缸（盆）内的分离液中，使混合物全部淹没于液

面下，稍加翻动，历时20分钟。然后将容器取出，立即转浸没于清水缸中。受到分离液刺激的蚯蚓，一旦进入清水，会纷纷从容器的四周、底部孔眼爬出而落于清水缸中。15分钟后，90%以上的蚯蚓落水，将缸中清水排净，便于采收聚集于缸底的大量蚯蚓。

④将容器中的蚓粪等剩余物倾倒于地面，摊晾、风干，静置2～3天，其中茶籽饼的有害成分即基本消失。

四、蚯蚓的包装运输

随着蚯蚓的商品化进程不断深入，解决活蚓、蚓茧、蚓粪的包装、贮藏、运输已成为现实，因此掌握这方面的技术，也十分必要。

1. 蚓茧的包装运输

相对于成蚓来说，蚓茧的运输难度要小一些，比较容易实施，贮运成活率较高，成本较低。但如果处理不当，再加上较远距离运输，幼蚓就会在运输途中孵出，这就增加了运输的难度。目前最常用的运输有以下两种。

（1）膨胀珍珠岩基料贮运法：膨胀珍珠岩是火山玻璃质岩石经1260℃高温悬浮瞬间焙烧而成的白色中性无机粒状材料，具有质轻、无毒、无味、阻燃、抗菌、耐腐蚀、保温、吸水性小等优点。如果将膨胀珍珠岩作为蚯蚓的基料，不但可防腐抗菌，还能使基料内部有较好的温、湿、气等良好的生态环境。在运输时，只要将膨胀珍珠岩浸泡在营养液中，使膨胀珍珠岩充分吸收营养液后，就可作为蚓茧较理想的运输材料。

①营养液的配制：蚓茧在运输过程中，还在继续发生着生物变化，孵化过程并没有停止，这样在运输中就要考虑，蚓茧孵化所需要的氧气和营养物。因此，营养液正是运输中营养物质的保证。其制备方法：取65％的大豆粉、25％的土豆淀粉，9％的鱼粉和0.5％的干酵母粉，0.3％的多种维生素添加剂，0.2％的合成微量元素添加剂；将上述所配物质混合均匀后，再加入2倍重量的清水，用微型研磨机研磨1分钟，再加入10倍重量的清水，搅拌均匀，即成为营养液。

②膨胀珍珠岩的脱水处理：取洁净的河粗沙放入铁锅中，加热熔炒至100℃时，再将洗净的膨胀珍珠岩放入沙中一起培炒至300℃后出锅，用筛子将膨胀珍珠岩和河沙分离，自然冷却至60℃后备用。

③营养基料的合成：将配好的营养液倒入温度60℃的膨胀珍珠岩中，边倒入边快速搅拌；然后取几块木板将浮出水面的膨胀珍珠岩全部压入液面以下，以保证膨胀珍珠岩充分吸收营养液。当膨胀珍珠岩在营养液中浸泡2～3小时以后，膨胀珍珠岩的颗粒表面便形成了一层“营养膜”。此时可将膨胀珍珠岩全部捞出，晾干，用塑料袋密封，即成为营养基料。

④蚓茧包装运输：将采集、待运的蚓茧，按膨胀珍珠岩营养基料体积的40％～80％均匀地拌入膨胀珍珠岩营养

基料中，随即装入聚乙烯塑料袋中，扎上袋口，再用针在袋上扎十几个针孔，作为透气孔。拌入蚓茧的多少，应根据外界气温的高低和运输时间的长短来确定，温度高而又运输时间长，则拌入的蚓茧应少；反之，则多一些。最后将袋装入容积为 0.1 立方米的木箱中，周围铺垫蓬松的填充物，如湿草等，减少袋体在运输途中的震动，还可以增加箱内的空气湿度。箱内要预留出 1/4 的空间，钉好箱盖，即可交付交通运输部门办理托运。采用此法，安全可靠，即使 1 个月到货，途中孵化出的幼蚓也会安然无恙。

（2）菌化牛粪基料贮运法：牛粪的特点是纤维物质含量较高，疏松透气，水分调控方便，可在一定的空气湿度范围内恒定自身的含水率，并且营养比较丰富，无臭味，不会污染环境。如果再进行净化、发酵、菌化处理，是较好的蚓茧贮运基料。

①牛粪的净化：将新鲜牛粪摊在水泥地面上，进行晾晒、风干，使其水分降至 30%以下。然后再用耙上下翻动，将其抖散，呈蓬松状态。收成堆，于堆顶安放电子消毒器，用塑料薄膜盖严实。开启电子消毒器 45 分钟，以达到彻底消毒，杀菌净化。

②牛粪发酵：将已净化消毒处理的牛粪再加入一定量的消毒水，使其水分达到 60%左右，然后堆入发酵池或密封到塑料袋中，经过 7～15 天的发酵，当牛粪内部温度达到 50～70℃时，则认为发酵成功。最后要翻堆，即将堆外面的部分翻到内部，使外部经过一次高温发酵的过程。经过发酵处理的牛粪无菌、无臭，松软适度。

③菌化处理：将“5406”菌种拌入已发酵好的牛粪中，摊铺在地面上，以 15 厘米厚为宜，盖上旧报纸，保持发菌所需湿度。7 天后揭纸检查，如果牛粪表面密布白点状菌群，表明发菌正常，否则需再等 2～3 天，如果仍无菌群产生，则需要重新拌入菌种。再过 7 天后，当牛粪表面布满一层白霜状菌丝，表明发酵正常。

④蚓茧包装：将菌化牛粪轻轻搓散，喷雾状清水，边喷水边搅拌，使牛粪中的水分达到 40％为宜。将采收、待运的蚓茧，按牛粪重量的 40％～60％均匀拌入菌化处理的牛粪中，随即装入塑料袋中，扎上袋口，用针扎好通气孔，装箱即可安全运输了。

2. 种蚯蚓的包装运输

种蚯蚓一般是指经过专门纯化杂交而优选出来的父母代或祖母代。其质量好，售价也较高，因此，应保证安全到达目的地。为了满足引种初养的连续性，一般在购进种源时应大、中、小、茧同时搭配，这就给运输途中的安全带来了困难。如大、中蚯蚓耗氧量比较大，要求湿度也比较高，基料中的含水量也要高，而且透气性要好；而幼蚯蚓身小体弱，生理生化运动能力较低，对基料湿度和透气性的要求与大、中蚯蚓正好相反，因此，在组合基料和包装时则要求尽可能折中，以便兼顾不同生长时期种蚯蚓的生态要求。以下介绍两种可供参考的包装运输方法。

（1）分巢式混级基料装运：为了保证批量长途运输和长期贮存期的安全，按蚯蚓大、中、小不同等级对生态条件的温、湿、气的不同要求，采用不同基料的办法，形成分巢式混级基料运输。

①栖巢基料的制作：栖巢基料是根据各级蚯蚓对水分和营养耗量的不同差异为标准而确定大小和营养补充的。其基料加工方法如下：

大、中蚯蚓栖巢基料的加工：将菌化牛粪中拌入3%的豆饼粉和5%的面粉，拌匀并加适量淘米水反复揉团，使之达到含水分65%左右的粘连团，用手团成大小如鹅蛋的圆团，并滚上一层麦麸或存放1年以上的阔叶树锯末。

小蚯蚓栖巢基料的加工：将菌化牛粪中掺入适量的营养液拌匀，反复揉搓，并抖落成含水分40%左右的泥状小块团基料，大小2～3厘米。

填充料的制作：填充料主要用于基料团之间的空隙，起到通气、增氧、抗菌的生态缓冲作用。其配方为70%的菌化粗纤维牛粪、20%的菌化细粉牛粪，10%的膨胀珍珠岩颗粒。另外加入0.1%的长效增氧剂，雾状喷洒少量清水，使含水分30%左右即可。

②种蚯蚓的换巢：种蚯蚓的换巢主要是从其装箱质量和商品性成交手续上的考虑。如果少量包装无须换巢，在大批装运时，将大、小栖巢基料团按7∶3的比例称重混合，同时倒入30%的填充料，装入蚓池或陶缸中，放入种蚯蚓，使其迅速钻入基料。投入种蚯蚓数量一般以每立方米基料6万条为宜。

③种蚯蚓的装箱：种蚯蚓换巢24小时后，当发现蚯蚓全部钻入基料团块后就可以包装了。包装有两种方法：一

是短距离或装运较少的包装，该类包装可直接将基料装入塑料编织袋中，然后装箱即可。二是长途或长时间批量运输的包装，该包装是将木箱事先钻一些透气孔后，在木箱内壁上粘贴上塑料编织布，然后直接将蚯蚓基料装入箱中，并留出 20 厘米高的空间，封盖即可。

④包装箱的装运：包装箱装车时应摆放在比较通风的位置，不要装在高温处，如汽车发动机较近处，也不要夹在货物中间。批量装运时包装箱应“品”字形码放，各层箱的间距不少于 15 厘米。注意不要盖得太严，以防透气不足，还要注意遮挡风雨。

(2) 原巢的装运：将所生产原种蚯蚓的基料，不经过换巢过程，而是直接包装运输。该方法简便，但每箱不易太多，一般以原生产时的高度为宜。如果运输时间较长，则应中途喷洒清水，如果条件允许可直接注入营养液。

3. 商品蚯蚓的包装运输

为了某些加工的需要，如制药厂直接从活蚯蚓中提取蚓激酶等，这就需要活体蚯蚓进行运输，其运输方法有以下两种：

(1) 干运：干运是以膨胀珍珠岩为暂时栖息基料，基本上和膨胀珍珠岩营养液运输蚓茧相同，所不同的是此包装含水分较高。一般用 80%的膨胀珍珠岩营养基料，加入 20%的软质塑料泡沫碎片，另外再加入 0.5%长效增氧剂。将长效增氧剂密封于塑料袋中，并于袋的一面扎上若干针孔，供吸水、放氧之用，将其平放在不漏水的装运容器底部，有针孔的一面朝上。将膨胀珍珠岩营养基料与软质塑料泡沫碎片拌匀倒入装运容器内，容器上部留出 20 厘米左右的空隙，向容器内雾状喷水，并使底部积有 5 厘米的水时，即可投入商品蚯蚓。投放量按每立方米基料 40 万～60 万条为标准。

(2) 水运：水运是将商品活蚯蚓贮于清水中进行安全运输的办法。将消毒处理的自来水盛于装运容器中并放置 12 小时，使其中的氯粒子释放出来。然后按 25 微克/克的浓度要求投入长效增氧剂，随即按每立方米水体 60～100 千克的比例投入商品活蚯蚓。最后调节水位至容器口 30 厘米处，即可封盖交付托运了。运输途中温度在 20℃以下，可按每立方米水体 100 千克蚯蚓投放；温度在 25℃左右，可按每平方米水体 60 千克活蚯蚓投放。一般可连续贮运10～15 天，但必须做到每天更换增氧水 30％以上。

4. 异常温度下蚯蚓的贮运

(1) 高温季节蚯蚓的贮运：一般当气温高于 28℃时就会给蚯蚓的生长带来不利，而且蚯蚓会极其敏感地采取寻求低温处的自调行动，这一特性使得夏季贮运蚯蚓的安全措施很重要。蚯蚓自身潜在着一种溶解酶，一旦发生蚯蚓死亡，这种溶解酶立即会从蚓尸上大量产生，致使蚓尸完全溶解而发生奇臭气味。因此，夏季贮运要十分小心。

1) 蚓茧的包装运输：高温环境中，对蚓茧的威胁有腐败细菌和黄霉菌、水霉菌等寄生菌的繁殖。在贮运过程中，只要注意避免以上细菌的出现，一般就不会有问题。腐败细菌的产生完全因为基料密度大、包装过严，又由于高温、高湿叠加累积效应的综合反应，因此，人为完全可以解决。而霉菌的产生原因是高气温条件下高湿缓冲结果造成的高湿环境所引发的，解决的办法就是加入“5406”菌剂。

高温季节贮运蚓茧的方法可完全参考前面讲述的方法进行，所不同的是包装箱要薄一些，透气孔多一些。如果气温持续在 35℃以上进行批量贮运，则应考虑带冰运输。

2）种蚯蚓的包装运输：当温度高达 30℃以上时，种蚯蚓的装运要十分慎重，一般分下列三种情况进行分别处理。

①少量装运：少量装运是指装运在 5 万条以下的小包装装运。这类包装可采取向菌化牛粪中混合一半膨胀珍珠岩的混合基料进行装运。由于膨胀珍珠岩的保冷性稳定，在体积较小包装箱中一般不会发生意外，但要注意箱板上多一些透气孔。

②批量装运：批量装运是指装运 5 万～50 万条的单一包装托运，该单一包装的基料可完全用膨胀珍珠岩营养基料。原则上每立方米容积安装 10 个直径约 10 厘米的高密细孔的换气筒。该筒可用竹管、镀锌薄铁皮、玻璃钢等材料制成。该包装可按种蚯蚓数量在 0.1～1 立方米选择包装箱的容量。包装箱外刷上一层“病虫净”药液。

③大批量装运：大批量装运也称为高密度装运，是将 50 万条以上的种蚯蚓在低温处理状态下一次性包装运输的方法。一般可将基料置于冰下，使基料温度稳定在 0～10℃。其具体方法：将木箱内壁镶上一层厚度为 5 厘米的硬质塑料泡沫板，随即装入膨胀珍珠岩颗粒与 10%的膨胀

珍珠岩营养基料的混合物，投入种蚯蚓，按每平方米体积投入 80 万～100 万条。当种蚯蚓全部钻入基料后，于距箱口 40 厘米处固定一个网格架，于格架上放一块与箱口等大小的钢丝网。将厚 20 厘米的大小冰块用打有针孔的塑料薄膜包裹 3～5 层后置于箱内的钢丝网上。摆放冰块的数量可根据基料的多少而定，一般可按每立方米基料摆入 0.2～0.3 立方米的冰块计算。最后盖上一层硬质泡沫板，钉上木盖即可交付托运。托运时，应保持冰块始终处于上层，不能倒置或侧放。如果途中时间较长，还要在途中加冰块，以保证蚯蚓安全到达。

（2）寒冷季节蚯蚓的贮运

寒冷的冬季实际上是贮运蚯蚓比较安全的时期，只要能保证基料内的温度在 0℃以上就可以了，但对于蚓茧还是要经过特殊处理才能保证运输安全。

1）蚓茧的包装运输：冬季贮运蚓茧大多采用原基料作为主要贮运基料。如果运向比较温暖的南方，则可直接用原基料或菌化牛粪进行包装运输。如果运向 0℃以下的低温北方地区，则需要组合运输用基料进行贮运。

①鲜牛粪混合基料的装运：由于鲜牛粪虽然经过了电子灭菌，但没有人工发酵，其潜在热能较大，只要团状结构合理，就可以发热御寒，使蚓茧安全通过运输过程。这种贮运基料的方法有多种：一是鲜牛粪与菌化牛粪混合基料的包装，将稍加风干的鲜牛粪经消毒处理，加入 1 倍的菌化牛粪混合均匀，分多层包裹蚓茧，使之组合成球团，然后取部分鲜牛粪将球团包裹一层，再包上一层保温塑料

薄膜即可交付托运。二是鲜牛粪与麦麸混合基料的包装，将麦麸与5倍经消毒处理的鲜牛粪混合均匀后分多层包裹蚓茧，使之组合成球团，然后以原基料为垫层，将包裹好的球团居于木箱中央，周围填满基料即可交付托运。

②鲜禽粪混合基料的装运：该方法是将鲜禽粪经高氯消毒后风干至含水40%左右，与原基料混合成装运基料或与菌化牛粪混合成的装运载体的安全方法。由于禽粪的潜在热能较高，而且发热稳定，适合向寒冷的地区发运。

2）种蚯蚓的包装运输：种蚯蚓的装运可参考蚓茧的装运方式，所不同的是保温严密程度不需要太高。一般来说如果装运箱的容积达到1立方米，基料均能保证蚯蚓安全运输。如果是少量装运则务必成数倍增加基料，并需用塑料薄膜或硬质泡沫板加以保温装运。原则上只要不使基料内冻结即可使种蚯蚓安全运到目的地。

第9章 蚯蚓的综合利用

收获来的蚯蚓除可作为饲料外，还可以通过一些特殊的方法，从蚓体内提取各种药物和生化制品，如氨基酸、蚓激酶、地龙素等；也可以加工成许多美味可口、营养丰富的人类食品，如蚯蚓蛋糕、蚯蚓面包、炖蚯蚓、蚯蚓干酪和蘑菇蚯蚓等。

从蚯蚓体内还可提取各种氨基酸和各种酶类，是一类极好的化妆品原料，由蚓蚓提取物制成的化妆品橘油蚯蚓霜有促进皮肤新陈代谢、防止皮肤老化、增强皮肤弹性、延缓衰老的功效。蚯蚓的浸出液对久治不愈的慢性溃疡和烫伤都有一定的疗效。

无论将蚯蚓作为饲料、饵料，还是作为人类的食品，要特别注意在养殖蚯蚓时的有害物质，如重金属或其他化学物质在蚯蚓体内的积累，否则会对饲养的禽畜、鱼类等和人类身体造成危害。

一、活体蚯蚓的消毒

活体蚯蚓在加工采用之前，必须进行消毒灭菌处理。处理的原则是既要达到消毒灭菌的效果，又要不损伤蚯蚓机体。

1. 药物消毒法

（1）高锰酸钾溶液的消毒：首先将活体蚯蚓在清水中漂洗 2 次，除去蚓体上的黏液及污物；然后将其浸入 5000 倍的高锰酸钾溶液中 3～5 分钟即可捞起直接投喂于待食动物的食台上或作为动态引子拌入静态饲料中。活体蚯蚓作为饵料的应用，只能在养殖投食之时进行，以免造成蚯蚓逃离食台或长时间缺水在干燥食台上被晒死。

（2）病虫净药液的消毒：病虫净为中草药剂，其药用成分多为生物碱及糖苷、坎烯、脂萜等多种低毒活性有机物质，故在一定的浓度之内既可达到彻底消除蚓体内外的病毒、病菌及寄生虫，又可确保蚓体的自然属性不受很大的影响。

(3) 吸附性药物消毒：将 0.3%的磷酸酯晶体倒入 3000 毫升饱和硫酸铝钾（明矾）水溶液中，进行充分的搅拌。待溶液清澈后，将清洗后的蚯蚓投入，浸泡 1～3 分钟。当观察到溶液中有大量絮状物时，即可捞出蚯蚓投喂水产动物，用该蚯蚓直接作饵料，具有驱杀鱼类寄生虫的效果。但该蚯蚓不得直接用于饲喂禽类，以防多吃后中毒。

2. 电子消毒

电子消毒即臭氧（O_3）灭活消毒，可使用电子消毒器进行。其消毒的特点是对各种病毒、病菌有快速灭杀的作用，灭活率达 90%以上；采用空气强制对流氧气，弥漫扩散性循环消毒，无论有无遮挡物，臭氧均可到达预定空间，无消毒死角。由于不需附加药物或辅助材料，因而无任何残毒遗留。消毒过程所产生的氧气气体经 30 分钟后即可还原；性能稳定，寿命长，不失效，无须调整；价廉，省电，效果比氯快 300～1000 倍，比化学药物快 8～12 倍；既可以彻底杀灭蚯蚓体内外的多种病菌、病毒，又不会伤到蚯蚓。

消毒方法：用铁纱网制成 50～80 厘米见方高度约 10 厘米的方盒，将洗净的蚯蚓按每份 3～6 千克装入盒内；然后将装蚯蚓方盒依次码入一顶部装有电子消毒器的密封木柜中。开启消毒器开关，关闭柜门，约 60 分钟即可打开，所取盒内蚯蚓即为无菌消毒后的蚯蚓。

在消毒过程中，如果打开柜门之后，闻不到臭氧的浓郁气味则说明消毒不够，应继续闭门消毒。一般情况下，在关闭的消毒柜外可闻到从门缝间溢出的臭气味时即认为消毒较彻底了。还须注意的是，在制作消毒柜时须将电子消毒器放置柜中的顶部，否则会影响消毒效果。

如果没有消毒柜或无须消毒柜时，可将网状方盒码入一塑料薄膜制作的密闭罩中；同时将电子消毒器放置上层方盒顶上即可开机消毒。

3. 紫外线消毒

紫外线消毒即利用紫外线灯，按厂家说明书的要求对活体蚯蚓照射消毒杀菌。其杀灭范围不如电子消毒，但比较适用于小规模家庭养殖蚯蚓的消毒。

二、活体蚯蚓的保存

活体蚯蚓的保存是特种水产养殖的必需环节，也是生产蚓激酶的特定要求。采用下列方法，可使活体蚯蚓保存期分别达到30天和60天。

1. 膨胀珍珠岩保存法

（1）制作基料：将膨胀珍珠岩按常规方法采用高锰酸钾水溶液消毒处理后，以清水漂净，拌入1％碘型饲料防腐剂即可。

（2）活体蚯蚓贮存：按膨胀珍珠岩体积的50％～70％，

分批倒入已消毒的活蚯蚓。待所有蚯蚓都钻入珍珠岩基料后，连同容器置于1～5℃环境中保存。

（3）活体蚯蚓取用：将盛有蚯蚓的容器转入常温环境，待容器中的基料温度升至室温时，取4～6目纱网罩住容器口，外面套上一个纱布口袋。将容器口朝下扣入清水中，蚯蚓便纷纷钻出纱网孔眼而进入纱布口袋。珍珠岩因比水轻而浮出水面，从而与蚯蚓全部分离。

2. 冷水保存法

（1）容器处理：在容器底部撒一层增氧剂，按每平方米用40克左右，再铺放一层洗净的木炭，木炭表面覆盖一层尼龙细网。将去皮的老丝瓜瓤筋层层码放于细网上，直至容器高度的2/3处。

（2）投蚓贮存：将含有绿藻的池塘水盛装于容器内，池塘水用量以淹没丝瓜瓤筋为限，加入浓度为2×10^{-6}的漂白粉溶液消毒。容器静置室外，一昼夜后，将已消毒的蚯蚓投入容器中，投入量为丝瓜瓤筋体积的50%～70%。将容器置于1～5℃环境中贮存，此法可使蚯蚓存放60天，不会出现问题。

（3）活蚓取用：将容器转移至室外，待其中水温升至常温时，取出丝瓜瓤筋，顶部加以光照，蚯蚓从下部爬出后即被收取。

三、蚯蚓在养殖方面的利用

蚯蚓含有十分丰富的营养成分，特别是蛋白质含量高，是喂猪、鸡的良好的动物性饲料。它能促进猪禽多长肉，多产蛋，但如果喂饲方法不当，也会引发畜禽疾病，造成损失。因此，饲喂蚯蚓一定要谨慎。

蚯蚓可传播肺绦虫病和气喘病。引起猪肺绦虫病的线虫有长刺后圆线虫、短阴后圆线虫和莎氏后圆线虫，而蚯蚓就是传播这 3 种线虫的中间宿主。一条蚯蚓可携带数百条线虫的幼虫，危害极大。而肺绦虫的幼虫又带有猪气喘病的病毒，可使猪同时感染气喘病，这是一种双重感染，危害更大。

蚯蚓对禽类可传播四种寄生虫病。第一种是气管交合线虫病，某养鸡场用太平 2 号蚯蚓喂鸡，122 只鸡全部发病，死亡 71 只，就是由于蚯蚓传播了“气管交合线虫病”造成的。第二种是环形毛细线虫病，虫体寄生在鸡的食管或嗉囊中，引起营养不良、瘦弱、贫血，严重者衰竭而死。第三种是鸡异刺线虫病，虫体寄生在盲肠，引起消化不良、无食欲、下泻、瘦弱，鸡不发育，产蛋减少。第四种是楔形变带绦虫病，虫体寄生在鸡十二指肠中，引起食欲大减，不消化、拉稀、消瘦，以至出现神经症状。这 4 种寄生虫病，都是由蚯蚓传播的。

预防蚯蚓传播疾病的措施，一是养蚯蚓一定要经过检疫，凡有寄生虫卵、包囊或幼虫的要立即处理掉，切不可留作种用繁殖。二是喂养蚯蚓，严禁用未经处理的畜禽粪便做饲料。三是蚯蚓的虫卵、包囊、囊蚴怕高温，因此，饲喂畜禽时，一定要彻底加热，决不能生喂，即使是死蚯蚓，体内的虫卵并未死，所以一定要加热。四是一旦在畜禽中发现上述疾病时，须立即严格隔离，严防扩散。五是对畜禽要定时进行检疫，以便及时采取措施。

加工方法通常有两种。第一种方法是选择大小适中、健康活跃的个体，静置去泥后装入筐中，并在清水池中冲洗干净，然后将洗净的蚯蚓放进烘干炉或红外线炉内，60℃烘干，脱去水分，烘干的蚯蚓放入粉碎机或研磨机进行粉碎并研磨成粉。这种蚯蚓可直接饲喂畜、禽、水产动物，也可与其他饲料加工成复合颗粒饲料饲喂。第二种方法是将洗净的蚯蚓研磨打浆，拌入一定比例的精料，经低温冷冻，制成供鱼、乌龟、鳖食用的颗粒饲料或鱼饵，这种颗粒料需在冰箱中保存。用蚯蚓作为鱼的饵料氨基酸指数优于用其他动物制作的饵料，蚯蚓的脂肪含量也高于其他动物性饵料。下面介绍几种蚯蚓在畜、禽及水产养殖中应用的方法。

1. 蚯蚓养猪

用蚯蚓养猪时，蚯蚓的用量一般为日粮总量的5%～10%。据河北某养猪场试验，每头猪每天平均加喂鲜蚯蚓162克，4个月后试验组比对照组增重74%，而且猪骨长肌比对照组宽5厘米；北京某养猪场试验，每天每头猪喂蚯蚓 100～150 克，2 个月后称重，试验组比对照组平均每头增重 4 千克，增长 30%。而且喂蚯蚓的猪肉嫩、鲜、无异味，肉的品质有明显的提高。另外，蚯蚓对母猪还具有催乳作用，试验期 5 个月后，试验组比对照组每头仔猪平均增重 1.75 千克。

2. 蚯蚓养鸡

（1）蚯蚓养肉鸡：20～30 日龄的肉鸡，每天每只用蚯蚓 21 克（约 30 条）；30 日龄的肉鸡，每只每天用蚯蚓 28 克（约 40 条），混在饲料中。40 天后每只肉鸡试验组比对照组平均增重提高 163 克，增重率为 15.9%。或者在混合饲料中添加 12%煮熟的蚯蚓饲喂肉鸡 60 天，其中每组 60 只肉鸡。试验组比对照组增重提高 39.1%，而料肉比下降 1.07（2.92∶1），肉鸡死亡率下降 5%，比鱼粉组增重提高 24.39%，料肉比下降 0.35。

（2）蚯蚓养蛋鸡：在混合饲料中加入 15%的蚯蚓，饲喂蛋鸡 10 天，产蛋量增加 175 克，平均每枚蛋增重 1.7 克，节约饲料 1.4 克。用蚯蚓饲喂蛋鸡时，掺入量不可盲目增加，过多既造成浪费，又影响蛋鸡食欲。某养鸡场在试验组饲料中加入 5%鲜蚯蚓，对照组则加入 7%鲜鱼，其他饲料条件相同，47 天后，试验组比对照组多产蛋 30 枚，每只蛋增重 0.58 克。另外，用 20%的蚓粪和 3%的鲜蚯蚓加入配合饲料中喂蛋鸡，20 天可节约精料 2.5 千克，多产蛋 2 枚，每只蛋增重 1.2 克。

3. 蚯蚓养鸭

蚯蚓喂鸭可以生食，饲用量可占精料的60%～70%，即每只鸭每天饲用量为100～150克。产蛋率可提高50%，每只蛋增重15克。蛋鸭长期饲喂蚯蚓，鸭体健壮，羽毛丰满光亮，产蛋期延长。用10%蚯蚓粉饲喂肉鸭45天，试验组比对照组每只日增重平均可高10克。

4. 蚯蚓养鱼

蚯蚓体内含有丰富的蛋白质，营养成分比较全面，用作鱼类养殖的添加饲料，饲养效果相当或超过秘鲁鱼粉，是一种优良的蛋白质饲料。

(1) 在配合饲料中混入新鲜蚯蚓：用于养鱼的一般配合饲料，对鱼的适口性及饲料效率等方面比天然饵料差；而利用新鲜蚯蚓混入养鱼的各种干配合饲料中，可弥补这一缺点。鱼类特别喜食，特别是喂养3厘米以上的稚鱼效果更好。其方法是在混合各种干配合饲料时把新鲜蚯蚓混合进去，让新鲜蚯蚓的体液吸入被混合的各种原料中，浸有体液的养鱼配合饲料适口性好，饲料效率高，胜过其他养鱼配合饲料。

(2) 利用蚯蚓粉配合加工成颗粒饵料：利用蚯蚓粉配合加工成颗粒饵料喂鱼也有良好效果。方法是将新鲜蚯蚓在锅里煮熟，摊在竹帘上晒干后磨碎（约4.5千克鲜蚯蚓磨成1千克干粉），与豆饼、麸皮、玉米面混合加工成颗粒的饵料，晒干投喂。其配方比例为干蚓粉14.29%，豆饼

57.14%，麸料 21.43%，玉米面 7.14%。

(3) 在配合饲料中混入蚯蚓粪：杂食性鱼类不但喜食蚯蚓，而且也能吞食蚯蚓粪。现在所用的养鱼配合饲料，是以谷物、大豆粕和糠麸类原料粉碎混合，并添加可提高饲料效率的各种维生素及防止病害的药物等组成，这些材料价格高。利用蚯蚓粪作为配合饲料的一种原料，有助于广辟饲料源，按照一定比例混合，蚯蚓粪的混合比例可达 40%。

5. 蚯蚓养虾

对虾的养殖通常用贻贝肉和冻白虾作饵料，成本很高。但经用蚯蚓饲喂试验证明，每尾对虾可饲喂蚯蚓 5 克。蚯蚓入水 2 秒钟左右即吐出黄浆及黏液，并在海水中蠕动和爬行，对虾步足捕蚓抱食，一般在 1 小时内全部吃完。1～3 小时后即排出消化蚯蚓后的紫色虾粪。据观察，对虾消化正常，卵巢发育快，数天后相继产卵 10.5 万～50.7 万粒，而同期饲喂贻贝肉的对虾的卵巢仅开始发育。

贻贝肉及冻白虾在海水中腐败快，常影响水质，造成对虾大量死亡，其存活率只有 25%。由于蚯蚓在海水中至少能存活 12～30 分钟，蚓体分泌的保护液使蚯蚓死后 3 小时也不腐败，因此不易污染水质，对虾的存活率提高达 55%。

6. 蚯蚓养龟

由于蚯蚓的来源广泛，饲养成本低廉，开展蚯蚓饲养有广泛的应用前景。某养龟场每天投喂鲜蚯蚓，按龟体重的10%～15%，经观察，试验组比对照组增重15%，产蛋量也增加了10%。还可利用蚯蚓富集微量元素的能力，开展对龟、鳖等动物疾病的治疗与预防。

7. 蚯蚓养水貂

某养貂场每天每只貂增加20克鲜蚯蚓，经20天，试验组比对照组增重20%，而且对比毛皮质量明显提高，繁殖能力明显增强。

8. 蚯蚓喂青蛙

野生青蛙喜欢捕食蚯蚓，人工养殖的美国青蛙、牛蛙、泰国虎纹蛙、棘胸蛙都特别爱吃蚯蚓。其原因是多方面的：首先青蛙在自然界生活的环境中容易找到蚯蚓，而且蚯蚓味道鲜美，无骨无刺，身体光滑，吃起来爽滑可口；其次蚯蚓有特别的腥味吸引着青蛙；再者是蚯蚓的营养价值高。

蚯蚓喂青蛙的第一个好处是：促进青蛙快速生长和增加产卵量。据相关试验，用蚯蚓喂幼蛙，从10克到200克，只需要85～89天，平均87天；在种蛙产卵前1周投喂蚯蚓，产卵量可达到4500～4700粒，平均4600粒。此外蛙的肉质特别鲜美，无腥味。

蚯蚓喂青蛙的第二个好处是：青蛙吃进蚯蚓后容易消化，而且少患胃肠炎。因为蚯蚓吃的是腐熟的腐殖质，青蛙吃进后容易消化。此外，蚯蚓肠道中有很多有益的微生物，不但对青蛙的消化吸收有利，而且还可以防止胃肠炎病的发生。

蚯蚓喂青蛙的第三个好处是：降低饲料成本，提高经济效益。因为蚯蚓的营养价值高，据测定，蚯蚓所含的蛋白质、氨基酸等与进口的白鱼粉相当，完全可以用蚯蚓代替鱼粉或代替部分的膨化颗粒料饲喂蝌蚪或青蛙。加上蚯蚓容易饲养，而且其饲养成本低，生长速度快，繁殖率高，所以用蚯蚓喂青蛙可以降低饲料成本。

四、蚯蚓的加工利用

收获的蚯蚓，因其用途和目的不同也就有不同的处理加工方法。

（一）蚯蚓浆的加工

蚯蚓浆加工制作方法简便，耐贮存，好包装，易运输，是猪、鸡、鸭、狗及貂、貉、观赏鸟等动物蛋白饲料或饲料添加黏合剂。这种剂型比蚯蚓干、蚯蚓粉味道鲜美，易加工，比蚯蚓液营养成分全，比鲜蚯蚓贮存时间长。

1. 配制防腐剂

防腐剂一般用三聚磷钠 22 份，柠檬酸 8 份，乳酸钙 7 份，蔗糖酯 2 份，将上述配方称出后混合搅拌均匀，即为防腐剂，装瓶备用。

2. 绞浆

将上述防腐剂均匀拌入待续浆的蚓体表面，以每条蚓均蘸有粉剂为度，可根据贮存时间的长短，来确定使用剂量。然后将已拌粉剂的蚯蚓投入绞肉机，连绞 2～3 遍，转入低温保存，可贮存 90 天。

如果是小规模的养殖户要加工蚓浆用于饲料、诱饵等，可将已消毒的成蚓投入 80～100℃热水中烫死，加入少许防腐剂拌匀，可用农村的碾槽或研钵加工成蚓浆。在使用时如果加工方便，最好现磨现用，不要存放，不必加防腐剂，这样既新鲜又实惠。

（二）蚯蚓浸出液制法

蚯蚓浸出液对久治不愈的慢性溃疡和烫伤都有一定的疗效。

1. 配方组成

鲜活成蚓 1 千克，白糖 250 克。

2. 加工方法

取鲜活成蚓投入清水中，让其排净腹中粪土污物。洗净成蚓体表，然后捞出，放入干净容器中，加入白糖拌匀。1～2 小时后，便可得到蚓体浸出液（约 700 毫升），用纱布过滤除渣。所得滤液呈深咖啡色，经高温高压消毒，冷却后置于冰箱内长期贮存备用。

（三）蚯蚓粉的加工

蚯蚓粉是将鲜蚯蚓冲洗干净后，将其烘干、粉碎，即可成为蚯蚓粉，可直接喂养禽畜和鱼、虾、鳖、水貂、牛蛙等，也可以与其他饲料混合，加工成复合颗粒饲料，可以较长时间地保存和运输，易为养殖动物食用。

1. 炒制

先将洗干净的粗河沙置于铁锅中炒热至 60℃，然后将消毒蚓滤除体表水分后倒入锅中翻炒至死。要求文火慢炒，不要损伤蚓体。蚓体表面脱水、收缩时，倒入筛中振动，与河沙分离。

2. 烘烤

将炒制的蚯蚓置入恒温电烘烤箱内，将温度设置在 60℃，也可以在太阳下曝晒至通体干燥，并反复翻动至基本脱水，即为干蚓。

3. 粉碎

将干燥蚓体拌入 1％碘型防腐剂，投入粉碎机中，过 80 目筛，即得到蚯蚓粉。

（四）药用蚯蚓的加工

中药地龙性寒味咸，清热、平肝、止喘、通络。主治高热狂躁，惊风抽搐，风热头痛，目赤、半身不遂等症。

1. 加工方法

广地龙春季至秋季捕捉，其他地龙夏季捕捉。将捕得广地龙拌以稻草灰，用温水稍泡，除去体外黏液，然后用小刀或剪刀将腹部由头至尾剖开，洗去内脏和食物，将躯体贴在竹片或木板上晒干或烘干即可。其他地龙用草木灰呛死，去灰晒干或烘干，整条入药。

2. 物理性状

(1) 广地龙：呈长条状薄片，弯曲，边缘略卷，长15～20厘米，宽1～2厘米。全体有环节，背部棕褐色至紫灰色，腹部浅黄棕色；第14～16环节为生殖带，习称“血颈”，较光亮。体前端稍尖，尾端钝圆，刚毛圈粗糙而硬，色稍浅。雄生殖孔在第18节腹侧刚毛圈一小孔突上，外缘有数环绕的浅皮褶，内侧刚毛圈隆起，前面两边有横排（一排或两排）小乳突，每边10～20个不等，受精囊孔3对，位于6～9节间一椭圆形突起上，约占节周5/11。体轻，略呈革质，不易折断，气腥味微咸。

(2) 土地龙：长8～15厘米，宽0.5～1.5厘米。全体有环节，背部棕褐色至黄褐色，腹部浅黄棕色；受精囊孔3对，在6/7～8/9节间。第14～16节为生殖带，较光亮。第18节有三对雄生殖孔。通常环毛蚓的雄交配腔能全部翻出，呈花菜状或阴茎状，威廉环毛蚓的雄交配腔孔呈纵向裂缝状。

3. 药理作用

（1）溶栓和抗凝作用：蚯蚓冻干粗粉除了有尿激酶样纤溶作用外，尚有直接催化纤维蛋白的作用。人工养殖的正蚓科双胸蚓属蚯蚓粗提液，可显著降低血中纤维蛋白原含量，并使优球蛋白溶解时间显著缩短。粗提液经进一步萃取，制备出含多种纤溶酶和纤溶酶原激活物的制剂，具有良好的溶解血栓作用，可使血浆组织型纤溶酶原激活物活力增加，血小板聚集性显著降低，全血黏度和血浆黏度降低，红细胞刚性指标降低，通过促进纤溶、抑制血小板聚集、增强红细胞膜稳定性等发挥作用。

（2）对心血管系统的作用

①抗心律失常作用：给动物静脉注射地龙注射液对氯仿-肾上腺素或乌头碱诱发的大鼠心律失常，氯化钡或哇巴因诱发的家兔心律失常均有明显的对抗作用，对心脏传导亦有抑制作用。

②降血压作用：广地龙的降压机制可能是由于它直接作用于脊髓以上的中枢神经系统或通过某些内感受器及时地影响中枢神经系统，引起部分内脏血管的扩张而致血压下降。大鼠静脉注射广地龙煎剂 0.25 克/千克，立即引起血压下降，其降压过程与血小板活化因子（PAF）相似，加预先静脉注射 PAF 受体阻滞剂 CV_{6209}，可显著抑制广地龙的降压作用，提示类 PAF 物质是广地龙的重要降压成分。此外还具有利钠、利尿和降低甘油三酯的作用。

(3) 对中枢神经系统的作用

①治疗缺血性脑卒中（中风）：预先腹腔注射地龙注射液10克/千克，对蒙古沙土鼠一侧颈总动脉结扎造成的缺血性脑卒中具有一定的预防作用，可减轻缺血性脑卒中的症状，并明显降低动物的死亡率，对缺血性脑卒中动物脑组织中降低的单胺类递质5-羟色胺趋于恢复，而对去甲肾上腺素含量则无明显影响。

②抗惊厥和镇静作用：小鼠腹腔注射地龙醋酸铅处理的提取液，可明显对抗戊四氮和咖啡因引起的惊厥，但不能对抗士的宁引起的惊厥，提示其抗惊厥作用部位是在脊髓以上的中枢神经部位。对电惊厥也有对抗作用。

③解热作用：蚯蚓水浸剂对大肠杆菌内毒素及温热刺激引起的发热家兔均有良好的解热作用，但较氨基比林的作用弱。对健康人体温无降低作用，对感染性发热病人降温作用优于阿司匹林（口服0.3克），对非感染性发热亦有效，但作用出现较晚。

(4) 抗癌作用：地龙提取物可能是通过提高机体免疫能力而抑制肿瘤细胞生长的。

(5) 平喘作用：从蚯蚓提出的含氮成分对大鼠、家兔肺灌注法有显著扩张支气管作用，并能对抗组胺和毛果芸香碱引起的支气管收缩。认为地龙的某种成分可阻滞组胺受体，对抗组胺使气管痉挛及增加毛细血管通透性的作用，此为平喘的主要机制。

(6) 对平滑肌的作用：从广地龙提取出的淡黄色结晶，能使已孕和未孕大鼠或豚鼠离体子宫紧张度明显升高，浓度增加可使之呈痉挛收缩状态。此外，该结晶 0.5～1 毫克/千克静脉注射，对家兔的肠管亦有明显兴奋作用，对大鼠后肢血管灌流亦表现明显兴奋，对豚鼠支气管作用较弱。

（7）其他作用：蚯蚓 3%醋酸提取物，2.5%硫酸提取物，84%乙醇及石油醚提取物在体外对人型结核杆菌有较强抑制作用。地龙提取物在体外对小鼠和人的精子均有快速杀灭作用，其中的琥珀酸、透明质酸能迅速使精子制动、凝集，并使其结构受到破坏。地龙提取液外用对局限性硬皮病有效，经生化分析提取物具有特异性降解胶原纤维的胶原酶，其疗效很可能是局部变性胶原纤维降解所致。

4. 功能与主治

清热熄风：用于高热惊痫抽搐之症。

清肺平喘：用于肺热痰鸣喘咳等症。

通利经络：用于风湿痹痛以及半身不遂等症。

清热利尿：用于热结膀胱，小便不利等症。

5. 用量用法

内服：煎汤 5～10 克；研末吞服，每次 1～2 克；鲜品拌糖或盐水化服。

外用：适量，鲜品捣烂或取汁涂敷、研末撒或调涂。

6. 使用注意

脾胃虚寒证不宜服，孕妇禁服。本品味腥，内服易致呕吐，配少量陈皮入煎剂或炒香研末装胶囊服可减少此反应。

（五）蚓激酶的提取

蚯蚓的蚓激酶，也称为纤溶酶、血栓溶解酶，pH8～8.2时能使蚯蚓溶解。它不仅能激活纤维蛋白溶解酶原，更能直接溶解纤维蛋白，进而溶解血栓。该酶对新鲜血栓和陈旧性血栓都有溶通作用，对急性缺血性中风有效率达100%，对动脉硬化、大脑和心脏循环障碍的有效率达90%以上。蚓激酶还有降低血液黏度、改善微循环、抑制血小板聚集、抗凝血、促进血液流畅等作用，对高血黏综合征的有效率达80%以上，对中风后遗症、动脉硬化、高血压有治疗作用。同时还可以用来预防血栓形成，降低心脑血管疾患的发病率，尤其对中老年人的抗衰、防病，增强身体各器官的功能有一定的辅助效果。

此外，对关节炎、骨质增生及保健美容也有一定的作用。在国内，用于保健类的蚯蚓口服液、胶囊、药酒及护肤化妆品的研究，已达到了较高的水平。对癌症患者也有一定的治疗作用，尤其对食管瘤有抑制效果，如果能与化疗配合收效就更加明显。

目前，国内外都在致力于蚓激酶的提取工作，比较常用的是采用分子生物学的分离方法：蚯蚓去泥，用水冲洗干净→打浆抽滤→加（$(NH_4)_3SO_4$）饱和溶液→超速离心10分钟→取上清液→用递增浓度的酒精或丙酮分段得取→真空干燥→酶制剂。

在蚓激酶的分离中，蚯蚓的水提取液以饱和硫酸铵$(NH_4)_3SO_4$沉淀出蛋白质；或用5%～10%NaCl水溶液作溶剂，提取液中加入 NaCl 至饱和析出蛋白质；也常用透析法制纯蛋白质。用递增浓度的酒精或丙酮分段提取，最后超速离心，除去不溶物，真空干燥，得蚓激酶。

（六）蚯蚓的食用加工

食用蚯蚓首先要进行消毒杀菌处理，还要进一步加工。对大型蚯蚓，可将其头部用针钉住，用刀片将其身体剖开，排出内脏，洗净备用；对中型蚯蚓，可先让其取食干净的人类食物，待排尽体内粪便后，让其在水中吐水，把肠内物质排净，然后洗净备用。食用方面的加工利用主要是制作蚯蚓罐头和烹调蚯蚓菜肴。

1. 蚯蚓罐头的制作

（1）原料与配方：蚯蚓肉 10 千克，食盐 0.2 千克，酱油 0.5 千克，料酒 0.3 千克，砂糖 0.25 千克，猪油 0.3 千克，陈皮丝 30 克，红辣椒粉 50 克。

（2）工艺流程：原料处理→油炒→预煮→装罐→排气密封→杀菌→冷却→保温→打检包装→成品。

（3）操作要点

①原料处理：选择健壮活跃的鲜蚯蚓，置于凉爽潮湿处，绝食静养 2 天，用清水洗净污秽物。使其体内的污秽物排出体外，以使蚯蚓肉清洁卫生，然后去掉其脏腑，用盐水洗去黏液，最后用清水冲洗。

②炒拌：先将猪油倒入夹层锅内加热。然后投入陈皮和蚯蚓肉，不断炒拌至表面收缩时，加入约 1/3 量的料酒，

然后加入盐、糖、酱油及其他配料（边加料边炒拌）。到半生半熟时，取出备用。

③香料水的制备：取大葱 300 克，生姜 300 克，八角 100 克，桂皮 100 克，花椒 50 克，草果 50 克，味精 80 克，骨头汤 70 千克。将上述材料清洗后，生姜捶烂，桂皮捣碎，八角、花椒、草果用纱布包扎后投入盛骨头汤的夹层锅内熬煮 30 分钟以上，过滤，最后加入味精拌匀后备用。

④焖煮：经炒拌的蚯蚓肉，每 10 千克加香料水 3.5 千克，加盖焖煮至蚯蚓肉熟透，脱水率约为 30%，然后倒入剩余的 2/3 量的料酒，炒拌均匀即可出锅，用不锈钢小孔网筛过滤。把肉和香料分开放置，汤汁控制在 6 千克左右为宜。

⑤装罐、排气密封：装罐后进行排气密封，热力排气瓶内中心温度不低于 85℃，维持 15 分钟。真空灌装机抽气，并且应比一般无骨罐头适当延长时间。密封用封罐机，并逐罐检查，合格者才能进入下步杀菌。

⑥杀菌、冷却：杀菌公式（热力排气）15 分钟—60 分钟—15 分钟/118℃。进行分段冷却，一般为 100℃、80℃、60℃、40℃，当温度降至 45℃以下即可出锅揩瓶，涂上防锈油，入库保温。

⑦保温 (37±2)℃，保温 5～7 天。

⑧包装入库：已杀菌、冷却的罐头放在常温条件下，放置 1 周左右，有密封不严、胖罐等取出列为次品，检验没有问题的为合格产品，再贴上标签进行包装入库。

（4）质量检测标准

①感官指标要求：肉色正常，呈灰褐色；具有蚯蚓罐头特有的滋味及气味，无异味；软硬适度，形态完整，大小大致均匀；不允许其他杂质存在。

②理化指标要求：净重为425克/瓶或500克/瓶，允许公差±5%，每批产品平均净重不低于规定重量；瓶内固形物不低于净重的40%；氯化物含量为1.5%～2.5%；重金属含量为每千克制品中锡≤200毫克，铜≤10毫克，铅≤0.1毫克，砷≤505毫克。

③微生物指标：应符合罐头食品商品无菌要求。

2. 蚯蚓菜肴的制作

(1) 蚯蚓馅饼

原料：取切碎的蚯蚓800克，鸡蛋1个，稀奶油75克，面包粉100克，研碎的柠檬皮5克，奶油10克，盐10克，酸奶酪150克，白胡椒3克，苏打水10克。

制作方法：

①备好面粉，在面粉中间掏个小坑，然后一边倒开水进去，一边用筷子不停地搅拌，不要一次性把水都加进去，等水完全被吸收后，再加水，然后当所有的面粉都和水融合起来，揉成一个比较光滑的面团。盖上保鲜膜，醒上半个小时。

②将蚯蚓、柠檬皮、盐、白胡椒混合，再用苏打水调匀，做成馅。

③将醒好的面团拿出，揉至光滑，然后分成小剂子，揉圆后按扁，按照擀包子皮那样擀成皮。

④像包包子那样将馅料放入包好，再按扁即可入锅。

⑤锅里放少许油，放入做好的饼。

⑥先用中火给饼两面煎黄，改小火，至饼熟即可。

（2）蚯蚓甜饼

原料：奶油 75 克，砂糖 75 克，肉豆蔻 5 克，面粉 100 克，苏打 10 克，肉桂 10 克，盐 5 克，鸡蛋 3 个，香料 5 克，苹果调味品 75 克，切碎的蚯蚓 150 克，切碎的果肉 75 克。

制作方法：

①先将切碎的蚯蚓散放在聚四氟乙烯的甜饼干烙锅上，然后放到 95℃的烤炉里烤 15 分钟，取出后冷却。

②把奶油和砂糖搅打均匀后加入鸡蛋。

③将面粉、苏打、肉桂、盐、肉豆蔻、香料放在容器里混合，再掺入糊状的奶油、白砂糖、鸡蛋，放在 25 厘米的烤锅上，烘焙至 160℃约 50 分钟即成。

（3）蚯蚓煎蛋饼

原料：洗净的蚯蚓 50 克，韭菜花 150 克，胡萝卜 1/2 个，干香菇 5 朵，鸡蛋 2 只，蒜头 2 瓣，油 4 汤匙，酱油 1/3 汤匙，蚝油 1/2 汤匙，白糖 1/3 汤匙。

制作方法：

①韭菜花洗净切成 2 厘米长的段；红萝卜去皮切成条；蒜头剁成蓉；鸡蛋敲开，打散成蛋液；香菇用清水泡发，去蒂切成条。

②烧热锅内 2 汤匙油，爆香蒜蓉，倒入韭菜花、胡萝卜和切碎的蚯蚓翻炒 2 分钟，捞起盛出。

③续添 1 汤匙油，放入香菇条干煸 1 分钟，捞起盛出。

④洗净炒锅，大火烧至锅热后熄火，倒入蛋液端起锅兜数下，让蛋液铺满锅面，等蛋液变成蛋饼后，用铲子将蛋饼切成长条，捞起盛出。

⑤锅内续添 1 汤匙油烧热，倒入之前炒好的食材和蛋饼条翻炒 1 分钟，加入 1/3 汤匙酱油、1/2 汤匙蚝油、1/3 汤匙白糖和 3 汤匙开水炒匀入味，便可装盘了。

（4）蚯蚓菜肉蛋卷

原料：鸡蛋 6 个，鲜蚯蚓 150 克，牛奶 50 克，荷兰芹 50 克，薄切辣椒片 30 克，小葱 10 克，调味品少许，干酪 25 克，切碎的薄荷 5 克，盐 5 克，蒜汁 1 滴，切成薄片的蘑菇 30 克。

制作方法：把鸡蛋、牛奶、荷兰芹和蒜汁混合均匀，放入炒勺内烧到半熟时，再把蚯蚓、辣椒、薄荷、葱、干酪、蘑菇等放入，可趁热食之。

（5）爆炒蚯蚓肉

原料：蚯蚓 150 克，冬笋片 75 克，熟猪油 500 克（约耗 100 克），黄酒 10 克，姜末 5 克，精盐 15 克，一个鸭蛋的蛋清，味精适量，清汤 15 克。

制作方法：

①烹调时，先将洗净的蚯蚓切碎，然后放入碗中，倒入鸭蛋清和少量黄酒，再加入少许精盐拌匀待用。

②锅内放入猪油 500 克，用旺火烧至六成热，放入拌好的蚯蚓，迅速用铁勺拨散。当蚯蚓舒展浮起时，将炸好的蚯蚓和油一同倒入漏勺中，漏去剩油。再将锅放在旺火

上，放入少许熟猪油烧至八成热后，放入姜末和冬笋片，再加入清汤和少量黄酒，淋上少量熟猪油，即可起锅上盘。

(6) 宫保蚯蚓

原料：蚯蚓肉 400 克，生粉、料酒、酱油、糖、醋、胡椒面、味精、姜片、葱节、蒜片、豆瓣酱各适量，青椒、绿豆芽、花生末各适量。

制作方法：

①蚯蚓肉吸干水气，加入少许干生粉“上浆”待用。

②碗内放适量料酒、酱油、糖、醋、胡椒面、味精、水生粉“兑汁”。

③锅内放油烧至六七成热时，将蚯蚓倒入漏勺内。

④原锅余油放干椒粉炸成棕红色，放姜片、葱节、蒜片、豆瓣酱。炒香出红油时，将蚯蚓下锅，倒入料汁，翻炒装盘。另煸炒青椒、银芽少许，围于四周，可撒少许花生碎末。

(7) 蚯蚓炒肉丝

原料：蚯蚓 250 克，精肉 150 克，盐、糖、醋、酱油、葱末、胡椒粉、猪油、生粉等各适量。

制作方法：

①先把肉丝放在碗内，加盐少许，醋、生粉适量，拌匀待用。

②把锅烧热，放猪油 50 克，待油热后放下已拌好的肉丝。炒熟后倒出，放在碗内备用。趁热锅加猪油 50 克，油热后把蚯蚓肉放锅内，用猛火稍炒几下，加盐、糖、酱油、胡椒粉少许，以清汤炒和。

③烧沸后，再放入已炒好的肉丝，用生粉勾芡，撒上葱花，淋浇猪油，即可装盘。

(8) 胡椒烤蚯蚓

原料：蚯蚓 350 克，瘦肉馅 250 克，葱、蒜、荷兰芹、胡椒各少许，西红柿调料 1 小罐、蘑菇 6 个，辣椒 4～6 个。

制作方法：将蚯蚓洗净，用微火煮 15 分钟，清洗后再煮 15 分钟。然后同瘦肉馅、葱、蒜、荷兰芹、胡椒、西红柿调料、切碎的蘑菇一起用油炒。同时把辣椒用开水煮沸，再把瘦肉馅等放入辣椒内，置 150℃ 烤箱中烤 25 分钟，抹上干酪再烤 5 分钟即可。

(9) 爆炒天目蚯蚓

原料：蚯蚓 250 克，火腿 15 克，青豆 5 克，笋尖 5 克，猪油 100 克，料酒、盐、面粉、糖各适量。

制作方法：将蚯蚓切碎，上浆（盐、豆粉、酒），下油锅爆炒，油温六成，时间不宜过长即起锅。配料火腿、青豆、笋尖下锅后，将主料滑炒起锅后蚯蚓再下锅，然后用盐、酒、面粉、糖调匀即可。

(10) 对虾蚯蚓凉菜

原料：蚯蚓 200 克，杏仁 100 克，煮熟的鸡蛋 6 个，对虾 4 个，芹菜 75 克，干酪 75 克，鲜葱 5 克，蒜末 3 克，盐 5 克。

制作方法：

①把蚯蚓洗净，用中火煮 5 分钟，把水控干。

②把漂白过的杏仁剁碎与蚯蚓混合，散放在烤饼干的

板上用烤箱烤。

③把煮熟的鸡蛋切碎，对虾洗净晾干，将切细的芹菜、干酪、鲜葱、蒜末、盐混合起来加进去。

④充分混合后再放进烤箱里加热（18℃）15 分钟即可，宜凉后食用。

（11）蚯蚓煎鸡蛋

原料：蚯蚓（新鲜）200 克，鸡蛋 6 只，洋葱 50 克，蘑菇 2 朵，芹菜 50 克，牛奶 1/3 杯，胡椒粉 1/2 茶匙，食盐 1/2 茶匙，少量辣酱油及一滴胡椒调味汁。

制作方法：将鸡蛋、牛奶、芹菜、洋葱、食盐及胡椒粉加在一起拌和，用平底锅烹调，以中火炒熟后，再加入洗净的蚯蚓和蘑菇片，继续烹调，最后加入胡椒调味汁及辣酱油，起锅，即成。

（12）洋葱炒蚯蚓

原料：蚯蚓 300 克，洋葱 200 克，大葱 10 克，姜 5 克，植物油 25 克，淀粉（玉米）10 克，酱油 15 克，胡椒粉 2 克，白砂糖 2 克，料酒 15 克，味精 2 克，香油 2 克。

制作方法：

①洋葱切条，葱切斜段，姜切成屑。

②蚯蚓放入滚水中烫 3 秒钟，颜色一变即捞出，过水冷却；加淀粉、酱油、胡椒粉、糖、料酒腌 10 分钟。

③先以小火炒香洋葱、葱段及姜屑，再放入蚯蚓改大火炒；再加味精，淋麻油拌炒均匀即可出锅。

（13）蚯蚓丸子

原料：蚯蚓 200 克，肥膘肉 150 克，香菜 150 克，鸡蛋 75 克，大葱 50 克，姜 50 克，葱汁 10 克，姜汁 5 克，盐 3 克，味精 2 克，胡椒粉 1 克，醋 5 克，香油 5 克。

制作方法：

①处理干净的蚯蚓剁成细泥，徐徐加葱姜汁沿一个方向用力搅匀，加入肥膘肉、鸡蛋、香菜末 100 克、葱姜末、盐、味精、少许胡椒粉调匀成馅。

②勺中加高汤加热烧开，下入调好的馅做成直径 2 厘米的丸子，打去浮沫改小火余熟，加调料，撒葱末 50 克，香菜末 50 克，淋醋、香油，盛入碗中即成。

(14) 葱爆蚯蚓

原料：蚯蚓 150 克，大葱 150 克，植物油 25 克，香油 5 克，酱油 15 克，大蒜 15 克，料酒 10 克，醋 5 克，姜汁 5 克。

制作方法：

①蚯蚓放入滚水中烫 3 秒钟，颜色一变即捞出，过水冷却。

②大葱去葱叶留用葱白洗净切滚刀段。

③蒜去皮洗净剁成蒜末。

④锅中放油烧热，下入蚯蚓煸炒至变色，加入料酒、姜汁、酱油煸至入味。

⑤最后放入葱白、蒜米、醋，淋入香油即成。

(15) 炸蚯蚓

原料：蚯蚓、红尖椒、姜片、葱段、精盐、胡椒粒各少许，粉丝适量。

制作方法：

①将蚯蚓洗净，去除肠杂，下入开水锅中，加胡椒粒、精盐、姜、葱、尖椒，盖好煮2分钟。

②起油锅，锅内加香油烧热，先下粉丝炸熟捞出，铺在盘底；再下蚯蚓炸脆，捞出摆在粉丝上即可。

（16）蚝油蚯蚓

原料：蚯蚓、葱、姜、油、盐、鸡精、料酒、鸡精、蚝油各适量。

制作方法：蚯蚓放入滚水中烫3秒钟，颜色一变即捞出，过水冷却。锅里放油，油热后放葱姜丝炒出香味，放蚯蚓炒匀，加料酒、盐、鸡精、蚝油炒匀即可。

（17）蚯蚓炖鸡

原料：活蚯蚓150克，光母鸡1只（约重1000克），料酒、精盐、味精、葱段、姜片、白糖、胡椒粉各适量。

制作方法：

①将活蚯蚓放盆3天，待蚯蚓排出污泥，剖开洗净，下沸水锅焯一下。将光鸡下沸水锅焯一下，捞出洗净。

②锅内放入光鸡、蚓蚓、料酒、精盐、味精、葱、姜和适量清水，武火烧沸，撇去浮沫，改为文火炖至鸡肉熟烂，拣去葱、姜，撒入胡椒粉即成。

（18）蚯蚓胡椒豆

原料：蚯蚓干60克，白胡椒30克，黄豆500克，精盐适量。

制作方法：

①将蚯蚓干浸泡洗净。将黄豆去杂用清水浸泡洗净。

②沙锅内加入适量清水，加入黄豆、胡椒煮至黄豆将

熟，加入蚯蚓干、精盐，烧煮至黄豆烂熟即成。每次食黄豆 20～30 粒，每日 2 次，有祛风、镇静、止痉的功效。民间用作癫痫病辅助治疗食品。

(19) 地龙炖凤爪

原料：地龙干 8 克，凤爪 4 对，猪瘦肉 100 克，生姜 4 片。

制法方法：地龙浸泡、洗净；凤爪去甲、洗净、刀背敲裂；猪瘦肉洗净。一起放进炖盅内，加入冷开水 1250 毫升（约 5 碗量），加盖隔水炖 3 小时便可，饮时加入适量食盐。

(20) 蚯蚓猪肉馄饨

原料：活蚯蚓 100 克，猪肉 150 克，馄饨皮 250 克，酱油、精盐、味精、葱花、姜末、肉汤、香菜末。

制法方法：

①将活蚯蚓剖开洗净，猪肉洗净，放在一起斩成肉茸，放碗内，加入精盐、味精、酱油、葱、姜及适量肉汤，搅拌成馅，包入馄饨皮成一个个肉馄饨。

②锅中汤烧沸，下入馄饨，馄饨熟后分别盛入兑好肉汤、调料的碗内，撒上香菜末即成。主要有利尿通淋、平喘定惊的作用。

五、蚯蚓粪的利用

蚯蚓吞食的食物经过消化道内各种消化酶如蛋白酶、纤维酶等的消化作用以及肠道内各种微生物的分解作用后排出体外，因此蚯蚓粪自身含有一些营养物质。蚯蚓粪中的常规养分含量见表 9-1，表 9-2 为蚓粪与原土养分含量比较表，表 9-3 为蚓粪、畜类养分含量比较。

表 9-1　蚯蚓粪营养成分

项目	水分	灰分	粗蛋白	粗纤维	粗脂肪	无氮浸出物	钙	磷
含量（%）	13.70	58.22	8.96	2.73	0.10	16.29	1.70	0.58

注：每种指标测定均取两份平行试样，以算术平均值为结果。

表 9-2　蚓粪与原土养分含量比较

养分种类		腐殖质	全氮（%）	全磷（%）	水解氮（毫克/100 克）	速效磷（毫克/100 克）	速效钾（毫克/100 克）
农田	原土	1.40	0.076	0.165	3.30	2.58	6.10
	蚓粪	1.91	0.105	0.177	6.15	3.10	8.04
菜园	原土	1.57	0.181	0.204	4.28	3.15	12.4
	蚓粪	2.32	0.144	0.248	7.47	4.63	14.8
林地	原土	1.34	0.056	—	4.01	2.99	31.80
	蚓粪	3.43	0.184	—	8.23	5.02	43.13

表 9-3　蚓粪、畜类养分含量比较（%）

养分种类	全氮含量	全磷含量	全钾含量	磷素含量	腐殖酸含量	有机物含量	水分含量
蚓粪	0.82	0.80	0.44	16.51	7.34	29.93	37.06
牛粪	0.32	0.25	0.16	—	—	14.50	83.03
猪粪	0.60	0.40	0.44	—	—	15.00	81.50
马粪	0.58	0.30	0.24	—	—	21.00	75.80
羊粪	0.65	0.47	0.23	—	—	31.40	65.50

目前，蚓粪主要产品包括有机肥、有机复合肥的各种专用肥。通过长期的试验种植，其增产效果比较明显。在加工蚓粪时一般包括干燥、过筛、包装、贮存等过程。干燥分为自然风干和人工干燥两种。为了降低成本，多采用自然风干摊晒的方法。人工干燥多采用远红外烘干机的办法。此外，在加工利用蚓粪时还应注意：一是湿蚓粪愈早烘干愈好。如需长期贮存，含水量应控制在 30%～40%；二是蚓粪的存放时间愈长，氮的耗损就愈多；三是蚓粪宜高温干燥，因高温可以有效地杀死致病微生物。

1. 蚯蚓粪的性质

（1）物理性质：蚯蚓粪是一种黑色、均一、有自然泥土味的细碎类物质，其物理性质由原材料的性质及蚯蚓消化的程度决定，具有很好的孔性、通气性、排水性和高持水量。蚯蚓粪有很大的表面积，使得许多有益微生物得以生存，并具有良好的吸收和保持营养物质的能力，同时经过蚯蚓消化，有益于蚯蚓粪中水稳性团聚体的形成。

（2）化学性质：和原材料相比，蚯蚓粪中可溶性盐的含量、阳离子交换性能和腐殖酸含量有明显增加，也就是有机质转化成了稳定的腐殖质类复合物质。许多有机废弃物，尤其是畜禽粪便，一般呈碱性，而大多数植物喜好的生长介质偏酸（pH6～6.5），在蚯蚓消化过程中，由于微生物新陈代谢过程中产生有机酸，使废弃物的 pH 降低，趋于中性。蚯蚓粪中营养物质的含量随原材料不同而有差异，但一般来说，植物生长所必需的一些营养元素及微量元素在蚓粪中不仅都存在，而且含量高，是植物易于吸收的形式。

（3）生物学性质：蚓粪中富含细菌、放线菌和真菌，这些微生物不仅使复杂物质矿化为植物易于吸收的有效物质，而且还合成一系列有生物活性的物质，如糖、氨基酸、维生素等，这些物质的产生使蚓粪具有许多特殊性质。

2. 蚯蚓粪的功能及特点

纯蚯蚓粪有机肥具有颗粒均匀、干净卫生、无异味、吸水、保水、透气性强等物理特性，是有机肥和生物肥在蚯蚓体内自然结合的产物，能提高植物光合作用，保苗、壮苗、抗病虫害和抑制有害菌和土传病害，可明显改善土壤结构，提高肥力和彻底解决土壤板结问题，在提高农产品品质，尤其是茶、果、蔬类产品的品质方面效果卓著。

（1）养分全面：纯蚯蚓粪有机肥不仅含有氮、磷、锌等大量元素，而且含有铁、锰、锌、铜、镁等多种微量元素和 18 种氨基酸，有机质含量和腐殖质含量都达到 30%左右，每克含微生物有益菌群在 1 亿以上，更可贵的是含有拮抗微生物和未知的植物生长素，这些有效成分是任何化学肥料、有机肥或微生物肥所无法达到的。

（2）富含有机质，增强地力，减少化肥用量，根本解决土壤板结问题：蚯蚓粪有机肥，有机质含量约 30%，而且有机质经过 2 次发酵和 2 次动物消化，所形成的有机质质量高，易溶于土壤中，易被植物吸收，可促进土壤团粒结构，提高土壤通透性、保水性、保肥力、利于微生物的繁殖和增加，使土壤吸收养分和储存养分的能力增强，从源头上解决化肥施用次数多、量大、易流失、利用率低等问题。经蚯蚓消化后的有机质颗粒细小，表面面积比消化前提高 100 倍以上，能提供更多的机会让土壤与空气接触，从根本上解决土地板结的问题。据国内研究机构的研究成果，每 500 克蚯蚓粪效果可等同于 5000 克农家肥，既经济实惠又方便施用。

（3）富含微生物菌群，提高作物抗病防病能力，保护土地生态环境：大量有益微生物施入土壤后，迅速抑制害菌的繁殖，有益菌得以繁殖扩大，减少土传病害的发生，使农作物不易生病，同时增加植物根部的固氮、解钾、解磷的能力。研究表明，大量微生物的代谢能改善土壤的理化性质，使土壤成分多样化和易于吸收，并产生土壤肥力形成和发育的生物能，提高土壤在有机物和无机物之间能量转换的动力，保护土地生态环境。

（4）富含腐殖酸，调节土壤酸碱度，提高土壤的供肥力：蚯蚓粪有机肥腐质酸含量在21%～40%，并且含有多种消化酶和中和土壤酸碱度的菌体物质，能提高土壤中性磷酸、蛋白酶、脲酶和蔗糖酶的活性，从而提高土壤的供肥能力，改善土壤结构和平衡酸碱度，最终体现在作物的生长发育、产量及品质上。蚯蚓粪所含的腐殖酸是有机质经蚯蚓消化后产生的，不同于一般有机肥中的腐殖酸，因为蚯蚓把许多有机营养成分有规律地消化混合使其转变为简单、易溶于水的物质，使植物轻而易举地摄取，这是其他有机肥料所无法办到的。

（5）抗旱保肥，促根壮苗：在蚯蚓粪特有的丰富的营养成分和奇特理化性质的共同作用下，在施用蚯蚓粪后，作物明显表现出抗旱能力提高和化肥用量减少，作物的根系尤显发达，从而使作物在壮苗、抗倒和抗病等方面表现突出。

（6）重茬不减产：蚯蚓粪所含营养物质丰富，而且能显著提高土壤中微生物数量，改善土壤结构，可使重茬不减产，对于薯类作物甚至产量一年比一年高。

（7）明显改善作物品质，恢复作物的自然风味：蚯蚓粪有机肥同时具有生物肥、生物有机肥、有机肥、氨基酸肥、腐殖酸肥、菌肥、微肥的特点，但又不是这些肥料的简单组合，是蚯蚓亿万年进化过程中逐渐形成的最适合植物生长的组合。应用表明，在提高作物品质，合理增加作物的蛋白质、氨基酸、维生素和含糖量，恢复作物的自然风味等方面的效果突出，明显优于使用上述单一肥料组合的效果。

（8）应用范围广，使用方便、清洁：蚯蚓粪有机肥能适用于各种农作物，既可做基肥，也可以做追肥。可用于高级花卉营养土、草坪栽培，还可作为无土栽培的基质，无臭无味，干净卫生，不会发生烧根、烧苗现象。产品所含粗蛋白 5.1%～21.7%，远高于禾本科秸秆，而接近或超过豆科秸秆，而且含有 18 种氨基酸和大量改善水质的微生物菌群，是各种动物的良好饲料，因此有农民用于养鱼和养虾。

3. 蚯蚓粪的应用范围

蚯蚓粪质轻，粒细均匀，无异味，干净卫生，保水保肥，营养全面，结构及功能特殊，可全面应用于各种植物，甚至可应用于名贵鱼虾的养殖。目前的主要应用范围有：虾塘、跳鱼塘育肥，有机茶种植，有机水果、蔬菜种植，花圃、花卉营养土或追肥，草坪卷营养土或追肥，土壤改良介质，高尔夫球场、足球场营养土或追肥，家庭盆花、温室花卉、高档花卉栽培基质，名贵细小种子培养基，无土栽培基质，轻型屋顶花园，新栽培或新移植的树木、灌木促生营养土，鱼、虾饲料等。

4. 蚯蚓粪的使用方法

（1）用于虾塘、跳鱼塘育肥时，亩施 100～300 千克。

（2）在花盆中按 1∶3（1 份蚯蚓粪 3 份园土）的比例拌入蚯蚓粪后种花，1～2 年内不需追施任何肥料，也无须翻盆换土。也可每 2～3 个月在盆土表面轻轻拌入 1～2 杯

（约 2 两）蚯蚓粪。

（3）每个蔬菜坑放半杯蚯蚓粪或 1～2 个月施一次（每棵半杯或每尺一杯）。

（4）作为配方营养土，一般按 1 份蚯蚓粪 3 份土壤的混合比例使用。

（5）新栽培或新移植的树木、灌木，可按 1 份蚯蚓粪 3 份园土的比例混合遍施洞内，再把植物植入坑内，覆土浇水即可。

（6）新草坪以每平方米 1～2 斤蚯蚓粪轻轻施入表皮土壤，然后用碎稻草覆盖好已点进草坪种的土壤，并保持其湿度。

（7）球场、运动场草坪以每 10 平方米 4 斤蚯蚓粪均匀撒施在草坪表层即可。

（8）对于果实、花或生病的盆栽植物，将 1 份蚯蚓粪浸泡在 3 份水中保持 24 小时以上制成混合物（茶水），施于植物、果实或花的表面。

（9）茶叶种植，每 2～3 个月每棵施 200～300 克蚯蚓粪于根部，覆土即可。

（10）一般经济作物，每亩每茬施用 100～200 千克，并建议 70％作基肥，30％作追肥，同时可按 1∶1～1∶3 的比例相应减少化肥的用量，施用 2 年以后，可进一步降低化肥使用量。果树的用肥量可提高到 200～300 千克/（亩・年），花卉可降到 100 千克/（亩・年）左右。其他作物的用量可根据地力（肥沃）情况适当增减。

（11）鱼、虾饲料：可按总饲料量的 5％～30％添加蚯蚓粪。

（12）肉鸡饲料添加剂：蚯蚓粪粒主要含有机碳素和矿物营养素，粒径大小为 1.3 毫米，呈现多孔质的结构，跟活性炭类似，可以吸附有害气体进行除臭，可以降低鸡舍中的氨气，提高肉鸡的生长，减少腹泻，降低成本，从而实现快速出栏，降低料重比，提高肉鸡饲养的经济效益。与沸石、活性炭等以吸附为主的除臭剂相比，蚯蚓粪用作饲料添加剂具有一定安全性。

参 考 文 献

1. 周天元．蚯蚓无土高效养殖新技术．天津：天津科学技术出版社，2002
2. 陈德牛．蚯蚓养殖技术．北京：金盾出版社，2007
3. 刘明山．蚯蚓养殖与利用技术．北京：中国林业出版社，2008
4. 亢霞生，等．蚯蚓高效养殖技术．南宁：广西科学技术出版社，2008
5. 闫志民，等．蚯蚓．北京：中国中医药出版社，2000
6. 徐魁梧，戴杏庭．蚯蚓人工养殖与利用新技术．南京：南京出版社，1998
7. 曾宪顺．蚯蚓养殖技术．广州：广东科学技术出版社，2002
8. 原国辉，郑红军．蚯蚓人工养殖技术．郑州：河南科学技术出版社，2003
9. 辛松辉．蚯蚓．南宁：广西人民出版社，1984
10. 上海科学技术情报研究所编．蚯蚓的利用与养殖技术．上海：上海科学技术文献出版社，1980
11. 黄福珍．蚯蚓．北京：中国农业出版社，1982
12. 徐晋佑译．蚯蚓生理学．广州：科学普及出版社广州分社，1985
13. 曾中平．蚯蚓养殖学．武汉：湖北人民出版社，1982
14. 陈志平摘译．蚯蚓养殖．成都：四川人民出版社，1982
15. 李进攻．养蚯蚓．郑州：河南科学技术出版社，1983
16. 爱牧．蚯蚓养殖．北京：中国农业出版社，1983
17. 余思姚，等．蚯蚓的人工养殖．广州：广东科学技术出版社，1981
18. 龚勤．怎样养蚯蚓．天津：天津科学技术出版社，1985

19. 钱锦康．蚯蚓饲养技术．上海：上海科学技术出版社，1981

20. 许智芳．蚯蚓及其人工养殖．南京：江苏科学技术出版社，1985

21. 杨珍基，等．蚯蚓养殖技术与开发利用．北京：中国农业出版社，1999

向您推荐

书名	定价
花生高产栽培实用技术	18.00
梨园病虫害生态控制及生物防治	29.00
顾学玲是这样养牛的	19.80
顾学玲是这样养蛇的	18.00
桔梗栽培与加工利用技术	12.00
蚯蚓养殖技术与应用	13.00
图解樱桃良种良法	25.00
图解杏良种良法 果树科学种植大讲堂	22.00
图解梨良种良法	29.00
图解核桃良种良法	28.00
图解柑橘良种良法	28.00
河蟹这样养殖就赚钱	19.00
乌龟这样养殖就赚钱	19.00
龙虾这样养殖就赚钱	19.00
黄鳝这样养殖就赚钱	19.00
泥鳅高效养殖 100 例	20.00
福寿螺 田螺养殖	9.00
“猪沼果（菜粮）”生态农业模式及配套技术	16.00

肉牛高效养殖实用技术	28.00
肉用鸭 60 天出栏养殖法	19.00
肉用鹅 60 天出栏养殖法	19.00
肉用兔 90 天出栏养殖法	19.00
肉用山鸡的养殖与繁殖技术	26.00
商品蛇饲养与繁育技术	14.00
药食两用乌骨鸡养殖与繁育技术	19.00
地鳖虫高效益养殖实用技术	19.00
有机黄瓜高产栽培流程图说	16.00
有机辣椒高产栽培流程图说	16.00
有机茄子高产栽培流程图说	16.00
有机西红柿高产栽培流程图说	16.00
有机蔬菜标准化高产栽培	22.00
育肥猪 90 天出栏养殖法	23.00
现代养鹅疫病防治手册	22.00
现代养鸡疫病防治手册	22.00
现代养猪疫病防治手册	22.00
梨病虫害诊治原色图谱	19.00
桃李杏病虫害诊治原色图谱	15.00
葡萄病虫害诊治原色图谱	19.00
苹果病虫害诊治原色图谱	19.00
开心果栽培与加工利用技术	13.00
肉鸭网上旱养育肥技术	13.00
肉用仔鸡 45 天出栏养殖法	14.00
现代奶牛健康养殖技术	19.80